猫事百科

黄佳 / 编著

黑龙江科学技术出版社
HEILONGJIANG SCIENCE AND TECHNOLOGY PRESS

图书在版编目（CIP）数据

猫事百科 / 黄佳编著. -- 哈尔滨：黑龙江科学技术出版社, 2025.7. -- ISBN 978-7-5719-2868-1

Ⅰ. S829.3

中国国家版本馆 CIP 数据核字第 202538V2K4 号

猫事百科
MAO SHI BAIKE

黄　佳　编著

责任编辑	张云艳
出　　版	黑龙江科学技术出版社
地　　址	哈尔滨市南岗区公安街 70-2 号
邮　　编	150007
电　　话	（0451）53642106
网　　址	www.lkcbs.cn

装帧设计
摄影绘图　　长沙·楚尧数字科技
策划统筹　陈风

发　　行	全国新华书店
印　　刷	哈尔滨午阳印刷有限公司
开　　本	880 mm×1230 mm　1/32
印　　张	7.5
字　　数	210 千字
版　　次	2025 年 7 月第 1 版
印　　次	2025 年 7 月第 1 次印刷
书　　号	ISBN 978-7-5719-2868-1
定　　价	48.00 元

版权所有，侵权必究

前言
PREFACE

  猫咪是一种轻盈、优雅、神秘的生物,也是一种毛茸茸、可爱迷人的生物。猫咪可能慵懒地躺在阳光下,或敏捷地穿梭于家中的每一个角落。喜欢猫咪的你,可能在朋友家里抱过它柔软、毛茸茸的身体,可能在宠物店的展示柜里与它对视,也可能在网上看到它各种有趣的、可爱的照片、视频,从而产生了"我也要养一只猫"的冲动。

  但是,养猫不仅仅是养一只猫、迎来一个家庭成员那么简单,它更是一场关于爱、责任与成长的严肃讨论。猫咪不仅仅是一个宠物、一个可爱的玩伴,它更是一条生命。养猫之前,不妨问问自己,你真的准备好养猫了吗?

  你能接受猫咪乱跑、乱叫、乱拉、乱吐、到处掉毛吗?

  你能如同对待自己的孩子一样,照顾它数十年吗?

  如果真的没法照顾它,你能为它寻找合适的下一位主人吗?

  你知道养猫其实是埋下一颗悲伤的"种子",总有一天要接

受它的离去吗?

如果你真的做好了准备,让我们一起来踏入猫咪的世界,我们需要认真的态度、足够的耐心,去悉心照顾这个同样值得尊重的生命。

本书为每一位新晋"铲屎官"纯真而又不安的期待而生,希望能为他们提供专业、全面的指导。

本书以猫咪的生理结构和习性特点开篇,了解猫咪的性格特征,帮助读者选择最适合自己生活方式和最喜欢的个性的猫咪。从猫咪到家前的准备、饮食、保健等方面的知识,全方面介绍如何正确饲养猫咪。同时,根据猫咪平时的行为特点、情感表达和沟通方式,了解它的需求,建立良好的人猫关系。分享一些处理猫咪常见行为问题的技巧和方法,如抓挠、咬人、夜间大叫等。力求通过科学、实用的知识,结合生动的图片特别是直观的实图,帮助"铲屎官"们了解猫咪。

每只猫咪的性格特征、爱好、习性,可能都有所差别,如果遇到猫咪的异常行为或疾病,不能以偏概全,应当结合自己猫咪的实际情况,及时咨询专业的宠物医生。希望每一位新晋"铲屎官"都能为猫咪带来幸福、健康的生活。

目录 CONTENTS

part 1 初识猫咪：关于猫咪的那些事儿

猫咪历史	**002**
猫咪的身体结构	**004**
捕猎者的特有体型	004
猫咪的瞳孔	006
猫咪的口腔	010
猫咪的鼻子	012
猫咪的爪子	013
猫咪的胡须	014
猫咪的耳朵	014
猫咪的尾巴	015
猫咪的被毛颜色和斑纹	016
猫咪的生理特征	**018**
基础生理特点	018
猫咪的感官	018
猫咪的皮肤	020
猫咪的寿命	**021**
奶猫期：0～3个月	021
幼猫期：3个月～1岁半	022
成猫期：1岁半～7岁	023
老猫期：7岁以上	023

猫咪的习性	**024**
猫咪很爱干净	024
猫咪好奇心很强	025
猫咪是肉食动物	025
猫是夜行动物	025
安心时会"踩奶"	026
猫咪很爱睡觉	026
不同的猫咪有不同的性格	027
不同的猫咪有不同的饮食偏好	027

2 part 准备指南：迎接猫咪到家的准备工作

养猫 30 问：你真的准备好养猫了吗？	**030**
选购篇：买猫如何避免上当受骗	**032**
获取猫的方式：购买还是领养？	032
防止买到病猫必须注意的几件事	034
到家前要做的检查	036
工具篇：养猫你需要买好这些东西！	**038**
猫碗	038
猫砂盆	040
猫窝	041
猫抓板	042
猫笼	043
航空箱/猫包	043
梳子	044
指甲刀	045
猫砂	046
伊丽莎白圈	047

猫粮桶	048
娱乐设施	048
适应篇：新成员到家的适应期	**050**
"原住民"与新猫到家的注意事项	051
新猫到家 Q&A	**054**
小猫不让抱怎么办？	054
小猫躲在角落不出来怎么办？	054
小猫不吃不喝怎么办？	054
怎么让猫咪知道自己的名字？	055
"晚上不睡觉、大早上喵喵叫"怎么办？	055
小猫刚到家能洗澡吗？	055
小猫乱拉怎么引导？	056
被没打疫苗的小猫抓伤了怎么办？	056
打完疫苗后被抓伤怎么办？	056
1岁以上的猫能领养吗？会不会应激？	057
小猫长猫癣会传染给人吗？	057
营养膏等保健品有必要买吗？	057

3 part 喂养指南：如何喂出胃口好的圆润小猫

营养篇：猫咪是纯肉食吞咽型动物	**061**
猫咪所需的营养素	061
猫咪补水很重要	063
猫食篇：不同类型猫食品怎么选择	**065**
不同类型的猫食品	065
猫咪的饮食注意事项	072
常见猫食 Q&A	073

各阶段猫咪的喂养原则	**075**
幼猫	075
成猫	075
老猫	076
怀孕和哺乳期母猫	076
这些东西猫咪不能吃！	**077**
猫咪吃了会有危险的食物	077
对猫咪有危险的植物	080
猫咪误食这些居家用品要警惕！	081

4 part 保健指南：
如何养出少生病的健康小猫

疫苗篇：每只猫咪都需要接种	**084**
猫三联疫苗：可预防猫咪的三种重大传染病	084
狂犬疫苗：预防狂犬病	085
猫注射部位肉瘤（FISS）	086
接种疫苗的不良反应	087
驱虫篇：勤驱虫防止寄生虫感染	**088**
不出门需要驱虫吗？	088
不驱虫可能导致的疾病	090
就诊篇：医院和体检知识	**093**
体检知识全知道	093
宠物医院和医生的选择	096
疾病篇：猫咪常见病防治指南	**101**
猫咪生病的异常信号	101
猫咪常见疾病	107
家庭常备猫咪用药	115
猫咪喂药小技巧	117

保健篇：日常保健很关键   **120**
猫咪体温要关注   120
吐毛排毛的注意事项   121
耳朵清洁防耳螨   122
密切关注"二便"情况   124
勤刷牙预防牙结石   125
清洁眼周预防泪痕   127
清洁嘴周防"黑下巴"   127
梳理毛发去废毛   129
定期剪指甲   133
洗澡的训练方式   136

5 part 猫语篇：读懂猫咪的这些行为

撸猫抱猫小技巧   **144**
猫咪行为学   **146**
躺下露出腹部   146
尾巴勾着主人转圈   147
大摇大摆在饭桌上走   148
炸毛   149
迎接你回家   150
"呼噜呼噜"的猫腹语   150
像小狗一样吐舌头   151
哈气   152
瞳孔放大缩小的含义   153
猫咪的不同睡姿   154
尾巴的奇妙含义   156

这些"调皮捣蛋"行为代表了什么　158
咬手、扑脚　158
躲在暗处突然袭击人　160
在屋子角落里排泄　160
突然咬主人一口　162
咬纸、塑料袋、衣服、鞋子　162
把桌子上的东西拨到地上去　163
故意尿主人床上、乱尿　164
挠沙发、挠椅子　165

part 6　猫咪的发情与绝育

猫咪绝育的必要性　168
猫咪性成熟的认知　169
公猫母猫发情行为有区别　170
母猫　170
公猫　170
绝育前的准备　171
绝育前一周　171
绝育当天　171
绝育后　172

Part 7 猫咪种类：常见家养猫咪类别大盘点

中华田园猫	176
美国短毛猫	180
英国短毛猫	182
苏格兰折耳猫	184
曼基康猫	186
挪威森林猫	188
西伯利亚森林猫	190
俄罗斯蓝猫	192
布偶猫	194
伯曼猫	196
波斯猫	198
缅因猫	200
暹罗猫	202
拉邦猫	204
塞尔凯克卷毛猫	206
德文卷毛猫	208
柯尼斯卷毛猫	210
美国卷耳猫	212
索马里猫	214
孟加拉猫	216
金吉拉	218
土耳其梵猫	220
土耳其安哥拉猫	222
阿比西尼亚猫	224
斯芬克斯猫	226

part **1**

初识猫咪:
关于猫咪的那些事儿

猫咪历史

6000万年前地球上有一种名为"细齿兽"的动物,外形与黄鼬相似,体长30厘米,身形细长,后腿较短,四肢均有5个趾和锋利而弯曲的指甲。细齿兽栖息于树上,以捕食鸟类、昆虫和啮齿类小动物为生。据推测,猫科动物的祖先可能就是这种细齿兽,或者是与细齿兽血缘相近的物种。

猫科动物出现约在4000万年前,同期出现的还有犬科动物。猫科动物适应森林中的环境,具有很强的攀爬能力,而犬科动物则更喜欢在草原出没。线粒体DNA的分析结果显示,家猫的直系祖先是大约13万年前栖息在中东地区干燥地带的利比亚猫。

据考证,有确凿证据的记录,最早饲养猫的历史可以追溯到9000多年前中东地区的塞浦路斯岛。

在5000年前的埃及,长时间的饲养行为使猫被人类驯化。据推测,这就是现代家猫的起源。2001年,我国的考古学家在陕西省泉护村遗址中发现了两只猫的头骨化石。经研究,我国驯养猫的历史至少有5000年。

最开始,人类是用狩猎采集作为主要手段获取食物,猫与人类之间是竞争关系。当人类从事农耕活动后,人们种植和储藏的粮食经常被老鼠偷吃,由于猫捕食老鼠,进而保护了农作物,于是人们尝试驯养野生猫,捕捉老鼠,保护粮食。后来,

人们发现猫还能有效消灭蛇、蝎子等伤人生物,人与猫的关系也转变为共生关系。

随着时间的推移,猫也被人们带到了世界各地。如今人们在每一座城市、每个乡村都能看到它们的身影。到了19世纪时,猫已经成为很多人喜欢的家庭宠物了。人们还为了观赏和展示而培育了各式各样不同品种的猫。

| 猫事百科

猫咪的身体结构

🐾 捕猎者的特有体型

在所有的猫科动物中,猫的体型小巧,体重在2.5~7.5千克,体长19~75厘米。与其他的猫科动物一样,猫非常喜欢爬上高处。猫咪的身体灵活,可以轻松跳来跳去,具有优越的视力、听力,以及出色的平衡力、强大的爆发力,还有锋利的爪子和牙齿,这些都是捕猎者具备的特征。

肘部

肘部弯曲时猫咪可以积蓄力量,伸展时会利用肘部力量来辅助攀爬时抓握。

腕部

猫的腕部是由七块小骨头组成,这种构造让猫的腕部关节可以灵活地运动,所以前肢在攀爬或者狩猎时会更敏捷。

part1 初识猫咪：关于猫咪的那些事儿

躯干

猫的身体柔软，脊椎骨呈弓形弯曲。从高处跳下来的时候，身体的柔韧性可以很好地让双腿先着地。

尾巴

当猫咪在奔跑或者在狭窄的地方走路时，会摇晃尾巴来维持身体的平衡。此外，猫咪的尾巴也可以用来表达情感：竖得直直的，表示开心；炸毛，表示害怕。

飞节

飞节相当于人的脚跟，跷起的飞节就像是人类跷着脚尖走路。飞节能减轻猫咪在跑步时与地面的摩擦力，增加蹬腿的力量。因此，猫咪在任何时候，都能发挥瞬间的爆发力。

猫事百科

🐾 猫咪的瞳孔

眼睑
可充分保护眼球,而泪腺所分泌的眼泪也能提供给眼球表面组织足够的湿润度。

瞳孔
瞳孔是眼睛正中央所见的黑色孔径,会随着光线的强弱增大或缩小,光线亮时,瞳孔会放大,看起来圆滚滚的;光线暗时,瞳孔可能会缩成一条线。

虹膜
虹膜位于眼角膜的下面,晶状体的前面,它的中间是瞳孔,可以保护视网膜、水晶体、玻璃体不受紫外线的伤害。
虹膜可控制瞳孔的大小,虹膜上有大量色素细胞的分布,不同猫咪眼球中产生色素的细胞数量不一样,因此形成了不同的眼睛颜色。猫咪出生后,随着月龄的增加,眼睛的颜色会发生改变,成年后眼睛的颜色就会稳定下来。

第三眼睑（瞬膜）

靠近鼻梁的眼角内侧有一小块可往外滑动的白色组织，就是所谓的第三眼睑，也叫"瞬膜"。这是人类没有的构造，具有分泌泪液、分布泪液及保护眼球的功能。

当猫咪观察周围的景象时，瞬膜会缩回眼眶中，当猫咪打盹儿或休息时，瞬膜会覆盖在眼球上，起到湿润眼球和阻止风沙进入眼中的作用。

巩膜

巩膜也就是眼白部分，它的上面覆盖着一层透明的结膜，在眼白上可能会看到几条较粗的血管。

瞳色

猫眼睛的颜色来自虹膜,有深浅之分,但大体上可分为铜色、浅茶色、绿色、蓝色四种。不管是什么品种,刚出生不久的幼猫虹膜色素还未沉积,因此眼睛多半呈蓝色,这就是"幼猫蓝"。

幼猫蓝

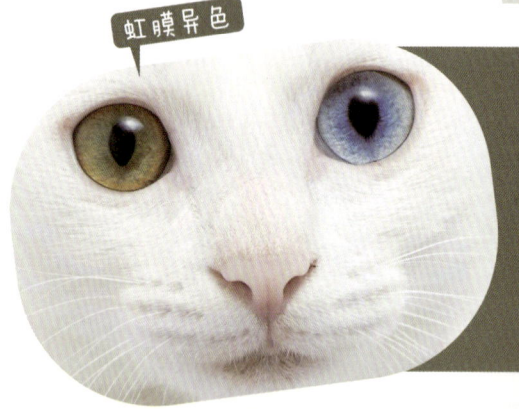

虹膜异色

此外还有一些特例,如基因突变导致黑色素缺乏引起的"白化症",会让猫的眼睛看起来呈红色;还有左右双眼颜色不一的"虹膜异色",也就是常说的"异瞳猫"。

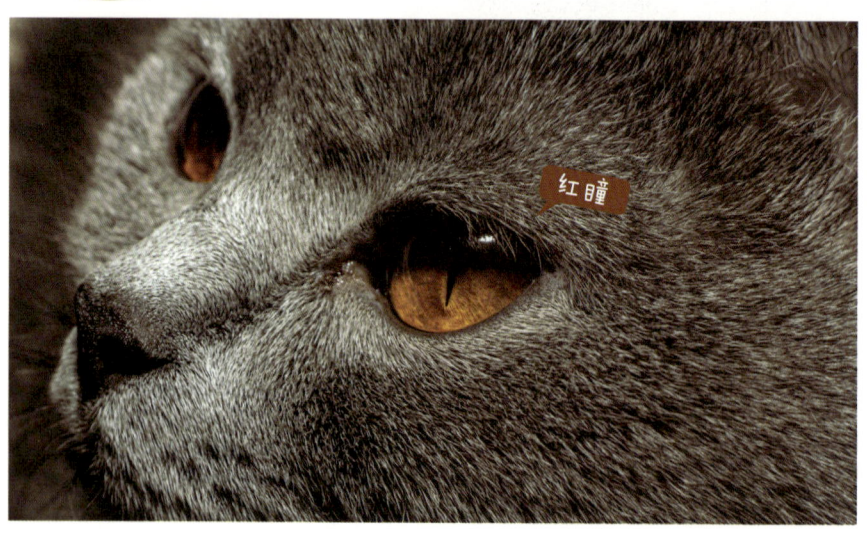

红瞳

part1 初识猫咪：关于猫咪的那些事儿

黄绿瞳

黄瞳

铜色瞳

蓝瞳

| 绿色 | 浅茶色 | 金色 | 黄色 | 琥珀色 | 铜色 | 蓝色 | 异色 |

| 猫事百科

猫咪的口腔

倒刺

舌头

- 猫咪的舌头表面布满向喉内生长的细小倒刺。
- 当猫咪在舔身体时,舌头能充当"梳子"的作用梳理毛发;当猫咪在吃饭或者喝水时,可以将食物和水"舀"到嘴里,还可以把猎物骨头上的肉剔除干净。

牙齿

猫咪是肉食动物,有适合吃肉的牙齿。猫咪幼年时期有26颗牙齿,6个月之后会更换成30颗永久齿。永久齿顾名思义,一旦掉了就不会再长。

切齿/门齿

主要功能是梳理毛发、修理指甲,以及叼住食物,还能帮助去除毛发上的灰尘或颗粒。

臼齿

上下臼齿结构错位,起到切割食物、磨碎食物,辅助撕扯的作用。

犬齿

可用来捕猎及防御。犬齿表面的小凹槽被称为"血槽",能帮助排出猎物流出的血液,以防止血液附着在牙齿上。

猫咪的鼻子

猫咪的鼻子可闻到500米以外的味道。猫咪鼻子主要由三部分构成,分别是人中、鼻镜和鼻孔。

鼻镜上面有非常多的圆形突出的小结节,相当于人的指纹,每只猫都不一样。汗和皮脂让猫鼻镜变得湿润,气味分子容易附着在上面,使猫咪嗅觉变得敏锐。

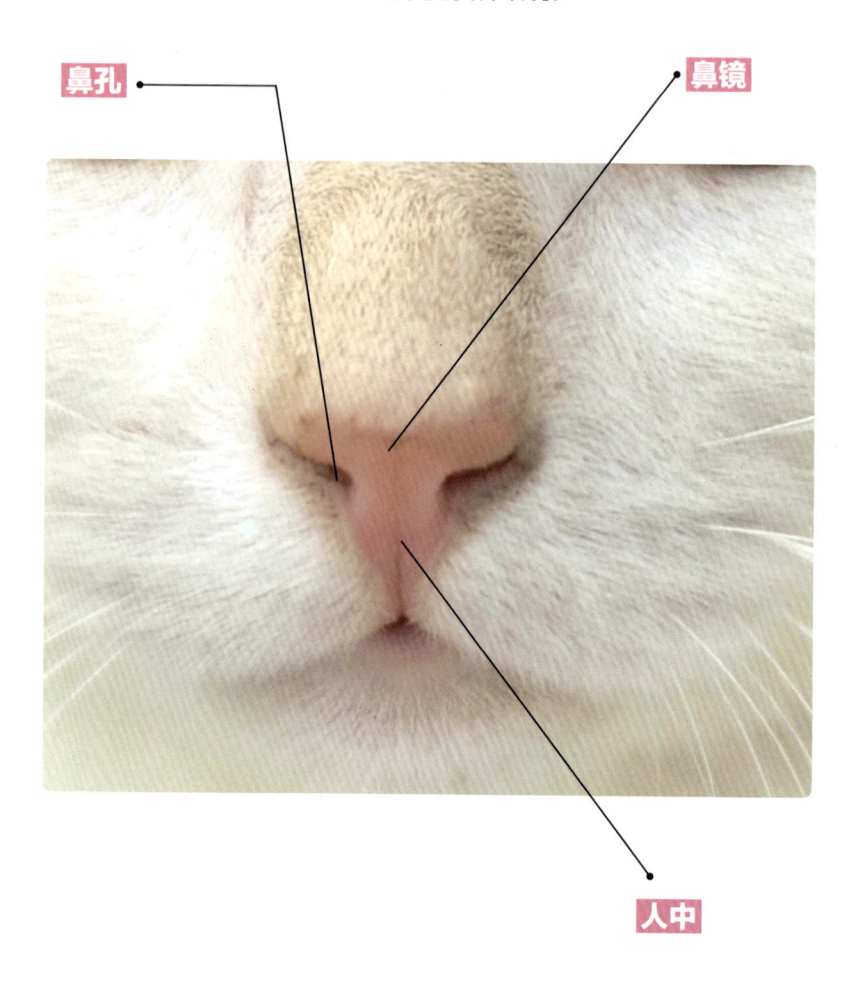

part1 初识猫咪：关于猫咪的那些事儿

猫咪的爪子

指甲

猫咪的指甲又弯又尖，伸缩自如。猫咪刚出生的时候，爪子是显露在外面的，出生3周左右才会自由伸缩。把爪子收起来能防止磨损指甲，走起路来不会发出声音。爪子形状适合用来压制猎物。

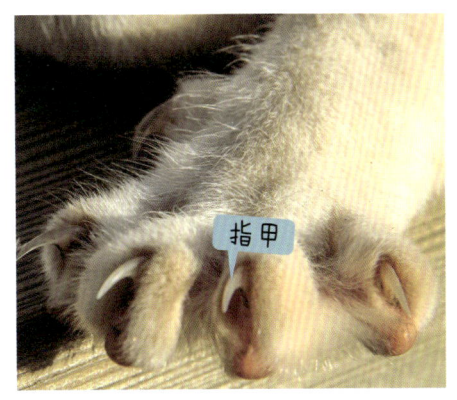

肉垫

猫咪是食肉目动物，这类动物最大的身体特征是脚掌长有柔软的肉垫。从高处俯冲直下时，肉垫有减缓冲击的作用，捕猎时能消除脚步声，在岩石上活动时还能防滑。

除此之外，肉垫也是猫咪体内少数有汗腺的地方，因此肉垫具有排汗功能。并且趾间也有臭腺，在流汗时臭腺也会一起排出，留下气味。对于食肉目的动物来说，肉垫是比牙齿、爪子还重要的"武器"。

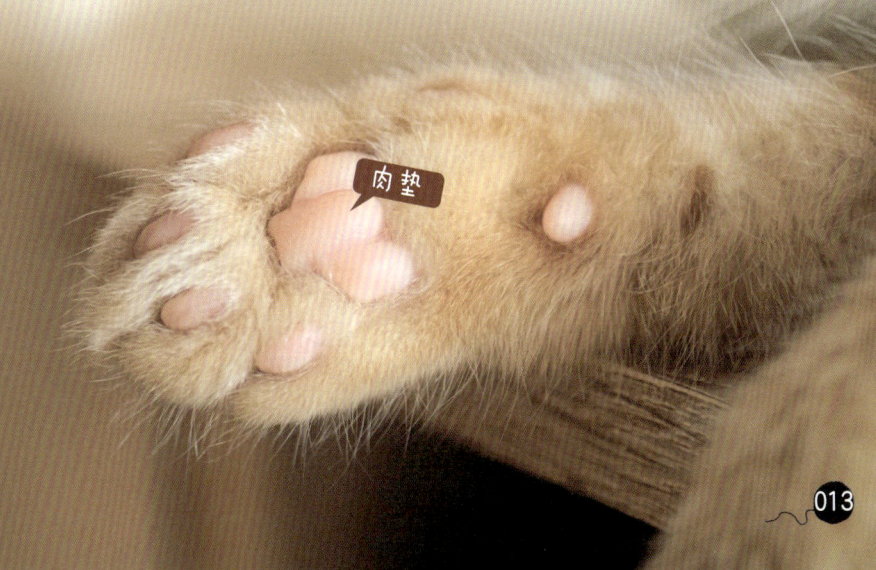

🐾 猫咪的胡须

  猫咪的胡须就像是一把"尺子",帮助它们感知周围环境的宽度和高度。当猫咪穿过狭窄的通道或洞口时,胡须会帮助它们判断是否能够安全通过,避免碰撞或卡住。此外,胡须还能帮助猫咪在黑暗中或视线受限的情况下导航,感知周围物体的距离和形状。

  胡须的根部连接着丰富的神经末梢,这使得它们对轻微的触碰和空气流动都非常敏感。通过胡须,猫咪可以感知到风的方向、气味的流动,甚至是远处猎物的微小动静。

  胡须的某些状态可以反映出猫咪的情绪。例如,当猫咪感到兴奋或好奇时,胡须可能会向前挺立;而当它们感到害怕、紧张或疼痛时,胡须可能会紧贴脸颊或向后贴。

🐾 猫咪的耳朵

  猫的耳朵由外耳、中耳、内耳组成,鼓膜发达,听觉灵敏,即使在噪声里也能准确辨别相似声音的距离。

part1 初识猫咪：关于猫咪的那些事儿

猫咪的外耳看上去像三角形的喇叭，由多块特殊的肌肉组成，这些肌肉可以帮助猫咪控制耳朵的方向和位置。猫咪两个耳朵的最大旋转度数可以达到180度，而且两个耳朵可以独立运动，这使得猫咪能够敏锐地捕捉到来自各个方向的细微声音。猫咪的听觉范围是人类的三倍。

很多猫咪耳朵根部都有一个小豁口，它有一个有趣的学名叫"皮肤边缘袋"，能使猫咪接收到人类听不到的高频声音，因此过高分贝的声音会使猫咪感到不适。

猫咪的尾巴

猫咪的尾巴能灵活摆动，是由尾巴的特殊结构决定的。猫咪的尾巴里有多块尾椎骨以及多块肌肉，每节尾椎骨之间有较大的间隔。在肌肉和韧带的配合下，尾巴能做出很多灵活的动作，也能帮助猫咪保持自身的平衡。

从高处落下时，尾巴就是猫咪身体的"平衡器"，让猫咪能够安全落地。当猫咪在高处行走或跳下时，尾巴会竖得笔直，一边感知掉落的方向，一边扭动着尾巴进行调节。当觉得方向合适时就会调节身体，使身体和尾巴形成一条直线，达到平衡的作用，然后安稳落地。

猫事百科

🐾 猫咪的被毛颜色和斑纹

猫的被毛因品种和个体而异，毛色、毛质、斑纹多种多样。没有完全一样被毛颜色的猫咪，即使是同一种被毛，在不同的猫咪身上呈现出的颜色分布也不一样。我们只需大概了解几种常见的被毛颜色，如基础色、重点色、虎斑、玳瑁等。

千变万化的被毛颜色

part1 初识猫咪：关于猫咪的那些事儿

被毛的不同配色

- 被毛整体显现的基本颜色即基础色。
- 在基础色上散布着红色系的被毛，这种配色被称为"玳瑁"。
- 被毛上有各种颜色的条纹花样，这种配色被称为"虎斑"。
- 仅耳朵、面部、四肢的顶端、尾巴的毛色较深，这种配色被称为"重点色"。
- 在基础色之下还有银色或金色的毛色混杂，这种配色被称为"多层色"。

| 猫事百科

猫咪的生理特征

🐾 基础生理特点

> 猫的正常体温（肛门探测）为39℃，介于38～39.5℃。
> 呼吸频率为20～30次/分钟。
> 幼龄猫心跳频率为130～140次/分钟，成年猫心跳频率为100～120次/分钟。

🐾 猫咪的感官

视觉

猫咪的视网膜上具有辨析能力的视锥细胞比较少，因此，在明亮环境下，猫咪对精细事物的辨析能力是不如人类的，也就是"近视眼"。但它们对运动物体的捕捉能力很强，对物体的移动非常敏感。

猫咪视野的广度有280度，对于快速移动的物体或者是在黑暗的环境里，都可以看得很清楚。同时，猫的脖子可以自由地转动，更扩大了视野的范围，因此，猫在任何时间和地点，都能采取各种攻击和防御的架势。

到了夜间，只要有微弱的光线，猫咪的瞳孔便能极大地散开，甚至可扩散到最高的限度。

part1 初识猫咪：关于猫咪的那些事儿

听觉

猫有着非常灵敏的听觉。猫对声音的定位功能也很强，能够准确捕捉声音的来源，耳朵随着声音方向转动。

猫的内耳平衡功能也远比人类强，它能听见两个八度音阶的高频率音，比人能分辨的音域更宽广。

触觉

触觉主要是通过被毛及皮肤来感受触压的轻重、冷热和疼痛。猫特殊的触觉感知处有鼻端、前爪、胡须及皮肤等部位，鼻端和前爪特别敏感。

猫常用鼻端去感触物体的温度和食物，并借助舌头的帮助来分辨食物的味道和气味，以便选择适合自己口味的食物。

前爪常用来感触不熟悉物体的性质、大小、形状和距离。人们时常可以看到猫伸出一只前爪，轻轻地拍打物体，然后把它紧紧地触压，最后才用鼻子贴紧物体进行嗅闻检查。

嗅觉

猫咪嗅觉灵敏，500米以外的微弱气味都能够闻到，还可以通过闻其他猫咪的尿液来判断其是否在发情。

此外，猫咪的鼻子对含氮化合物的臭味特别敏感，因此猫咪不喜欢吃腐坏的食物。

味觉

猫咪的舌头和人一样有味觉细胞，可以感觉苦味、甜味、酸味和咸味。但猫咪无法消化糖类，且吃甜食后容易引发下痢。

幼猫出生后就具有发育完整的味觉，随着年龄的增长，味觉的敏锐度会逐渐下降。

猫咪的皮肤

猫咪全身有着密密的被毛,被毛下并无汗腺,皮肤里含有三种腺体——泌离腺、皮脂腺和外分泌腺。

泌离腺的香味能吸引异性猫。有些部位,如颌部、颞部和尾根部,分泌的特殊香味有利于猫与猫之间的社交,或者划定活动范围,如果涂擦在周围某物上,是猫咪领地意识和社交行为的一种表现。

皮脂腺与毛囊相通,它分泌有皮脂,在被毛外面形成一层防水膜,使被毛油光发亮。毛囊里含有胆固醇,当晒太阳时,阳光使胆固醇转化成维生素D,这时舔毛,猫咪可以获得维生素D。

猫的外分泌腺会产生汗液,不过这种汗腺仅在脚垫上有。当猫打架或发热时,才会分泌汗液。猫散失体内热量主要是通过喘气,或舔理被毛时唾液蒸发。

猫咪的汗腺主要分布在脚底的小肉垫以及各个指甲之间的部位。当猫咪感觉到体温过高或有汗液需要排出时,就会站在比较凉爽的地方,通过脚上的肉垫降温,把身上的汗液排出。猫咪和狗一样,也能通过张开嘴大口呼吸和喘气将体内的热量排出。

猫咪还会把自己的小爪子伸出来摊开,将每一个指甲和指缝都张开露出来,以此来排汗散热。

part1 初识猫咪：关于猫咪的那些事儿

猫咪的寿命

猫的平均寿命大约为13岁，有文献记载最长寿的猫活到了30岁。猫的性成熟年龄为7～14个月，其中短毛猫较早，长毛猫较迟；平均性周期14天，发情期1～6天，最长为14天。

奶猫期：0～3个月

标准体重：100～700克

刚出生的小猫重100～120克，出生直到3周左右都是母乳喂养，母猫舔小猫的肛门和尿道刺激它进行排泄。没有母亲的小猫，需要喂专用的奶粉并且辅助排泄，可用纸巾或棉棒等刺激小猫排泄。

从3周左右开始需要给小猫断奶，逐渐增加猫食物，且让它学会自己排泄，最好是有大猫带领，否则小猫不一定能学会在猫砂盆处排便。

Tips
- 有条件的情况下，小猫最好在6个月以前都跟在猫妈妈身边，这样小猫的免疫力会更好。
- 奶猫不宜食用牛奶、人工食品、成年猫猫粮或人吃的饭菜。

 猫事百科

幼猫期：3个月~1岁半

标准体重：1.0~3.5千克

猫咪成长得比较快，有的母猫在4个月左右就会迎来第一次发情，猫比较适合的繁殖年龄在10~18个月，平均妊娠期60~68天，哺乳期2个月左右。需要考虑绝育手术的话，最好在6个月至1岁时进行。

Tips
- 家养猫无繁育需求，最好尽早进行绝育手术。
- 出生后7个月是猫咪身体快速成长的重要时期，需要提供充足的营养。
- 家里迎来小猫后，要带它去宠物医院接受健康检查，尽早制订疫苗接种计划。如果是捡回来的流浪猫，还要做好驱虫工作。

成猫期：1岁半～7岁

标准体重：3.5～5.5千克

从奶猫期到幼猫期，猫咪喜欢嬉戏玩耍，比较活泼好动，对事物充满好奇。到了成猫期，猫咪会变得稳重，喜欢在自己满意的地方悠闲过日子。为了满足猫咪的狩猎本能并且预防家猫长时间静止导致肥胖，主人需要经常陪猫咪玩耍，或者买一些猫玩具供猫咪玩耍。

Tips

- 猫咪的换毛期和发情期在不同的季节会有不同的特征，因而要根据季节来做好照护工作。
- 成年猫咪所需的能量比幼猫少，因此喂食要适量，要根据猫咪的体形来给予它相应热量的食物。

老猫期：7岁以上

这个时候的猫咪会越来越难以适应新物品、新环境、新变化，最好是保持稳定的生活环境。对于老猫而言，最担心的是"压力"，主人需要为它打造一个冬暖夏凉，不会造成任何负担的生活环境。此外，餐具、水碗的位置以及厕所的入口等也需要设置得比成猫期略低，让老猫使用起来更加方便。

猫咪变老后，身体各项功能开始衰退，抵抗力变弱，很容易罹患各种疾病。最好半年就体检一次。如果你的猫咪已经超过10岁，那么最好每3个月就接受一次健康诊断。

猫咪的习性

猫咪很爱干净

猫是非常爱干净的动物,但并不是为了外观、容貌,而是一种生理需要。在炎热季节,为了将多余热量排出体外,猫通常会用舌头将唾液涂抹在皮毛上,借助唾液水分的蒸发来带走身体的热量,起到降温消暑的作用。同时,这样还会刺激皮肤毛囊中皮脂腺的分泌,使毛发更加滋润富有光泽,并在脱毛季节促进新毛的生长及防止毛皮中产生寄生虫。

猫另一个习性则是掩埋粪便,为防止天敌发现自己的踪迹,猫通常会将粪便掩盖起来,遮掩气味。

part1 初识猫咪：关于猫咪的那些事儿

🐾 猫咪好奇心很强

猫有极其强烈的好奇心，对身边发生的事情总是持有浓厚的兴趣。当遇到陌生的东西时，它会好奇地用前爪去拨弄一番，以试探并弄清楚究竟，这是它们喜欢"扒拉"桌上物品的原因。

尤其是新生小猫，总是怀着对陌生环境的好奇心，努力去学习不同方面的东西，对周围的一切事物都感到新奇，经常带着好奇心去接触、玩耍，因此格外"调皮捣蛋"。

猫对高度没有概念，总会觉得楼下或者低处的东西很"有趣"，想一探究竟，因此养猫一定要做好"封窗"，防止小猫从高处一跃而下。

🐾 猫咪是肉食动物

与肉食为主的杂食性小狗不同，猫是纯粹的肉食性猫科动物，野生猫以肉食为主，鸟、鱼、鼠和大型昆虫等都是捕食目标。主人要重视猫的消化生理功能和身体营养需要，注意额外喂一些鱼、肉类食物。

🐾 猫是夜行动物

猫的天然习性是白天睡觉，夜晚捕猎、游荡、求偶等。猫咪的视力非常敏锐，在光线微弱处及夜晚都能清晰辨物。

🐾 安心时会"踩奶"

猫咪在闲适、放松、愉快的时候,会有左右前脚交替踩踏的动作,这是源于幼猫时期的吸奶行为,称为"踩奶"。

🐾 猫咪很爱睡觉

猫的睡眠时间很长,几乎一生中三分之二的时间都在睡觉。猫的睡觉时间会受气候、饥饿程度、发情期和年龄的影响。

猫在睡眠时警觉性很高,只要有点声响,猫的耳朵就会抖动,有人接近的话,会立刻站起来,这与它至今仍然保持着野生时期的警觉性和昼伏夜出的习惯有关。

但家养的、繁育的猫,跟人类相处时间长,对主人信任度很高,也会敞开肚子睡觉。

🐾 不同的猫咪有不同的性格

猫咪和人类一样，有不同的性格特征，有的猫咪从小就黏人，怎么摸怎么抱都可以，很喜欢黏着主人。亲人的猫咪除了天生的性格特质，大部分是后天培养的。一些专业的猫舍会对猫咪进行社会化的训练，猫舍所有的猫长期和人一起生活，对人自然更加亲近。

而实际上，生性孤独、不喜欢群居才是猫咪的天生特质。猫咪大多不需要伙伴，喜欢独自外出，只愿意做自己喜欢的事情。在和主人一起生活的过程中，猫咪会在家里及其周围环境建立一个属于自己的领地，不允许其他猫进入自己划定的范围。

所以，要与猫和平相处，我们要先了解猫的这一特性，给它一些自由的空间。

🐾 不同的猫咪有不同的饮食偏好

除了喜欢吃肉，猫咪对于食物的偏好也是不一样的。有的猫咪喜欢吃干粮，喜欢吃"嘎嘣脆"的猫干粮和冻干，有的猫咪则是"舔舔怪"，更喜欢吃酸奶、奶昔类可以舔着吃的罐头、湿粮。

有的猫咪喜欢吃海鲜，喜欢吃虾，喜欢吃生鱼但不喜欢吃熟鱼，喜欢吃鸡肉丸味的罐头不喜欢吃牛肉……这都是非常正常的，如果你家的猫咪不喜欢吃某些特定的食物，不要强迫它。在了解它的过程中，可以多买一些试吃装给它尝试，让它自由选择自己想吃的，做一只快乐幸福的小猫。

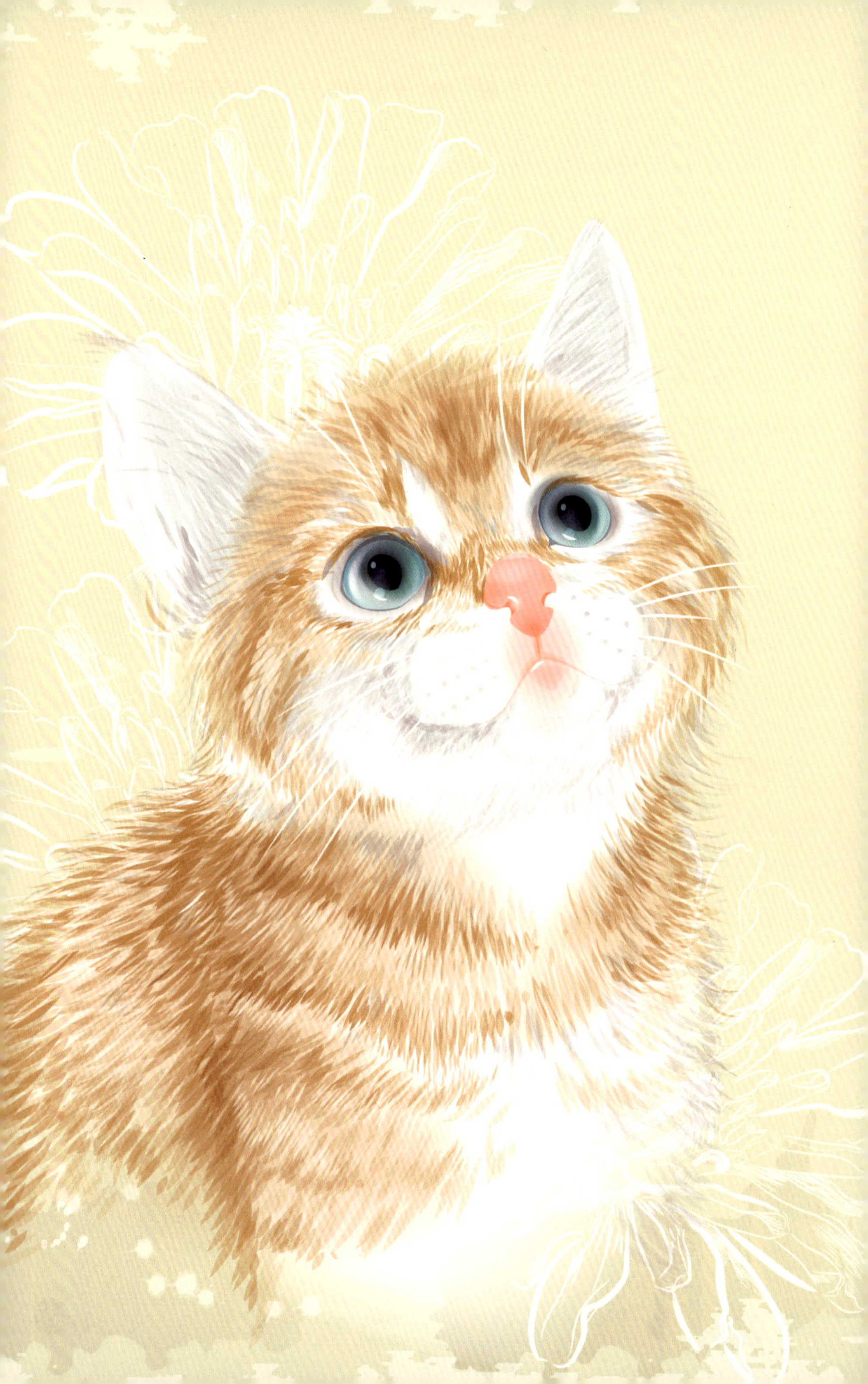

part 2

准备指南：
迎接猫咪到家的准备工作

猫事百科

养猫30问：
你真的准备好养猫了吗？

1. 对猫咪的基本需求（如食物、水、猫砂盆、玩具等）有了解吗？
2. 你是否了解猫粮、冻干、罐头、猫饭、生骨肉的区别？
3. 你知道不同品种猫咪的性格特点和健康需求吗？
4. 你的居住环境适合养猫吗？
5. 是否有足够的空间供猫咪活动？
6. 你能否为猫咪提供一个安静、安全、舒适的休息区域？
7. 你是否了解居住高层需要"封窗"？

8. 你是否知道养猫不能"笼养"？
9. 你是否了解何为"应激"？
10. 你能承担得起养猫的所有费用吗？包括食物、医疗、疫苗、绝育、日常护理及可能的意外支出？
11. 你是否有为猫咪购买保险的计划？
12. 如果猫咪得了严重的疾病，如猫瘟热、猫传腹，你会为了治疗猫咪花费大价钱吗？
13. 你是否有足够的时间陪伴猫咪，偶尔陪猫咪玩耍？
14. 你能定期清理猫砂盆、为猫梳理毛发、修剪指甲等吗？

| part2 准备指南：迎接猫咪到家的准备工作

15. 你愿意学习如何正确照顾和训练猫咪吗？
16. 你知道如何教猫咪使用猫砂盆、猫抓板吗？
17. 如果遇到搬家、工作变动等生活变化，你是否能继续妥善照顾猫咪？
18. 你能承诺照顾猫咪直到它生命的尽头吗？
19. 你是否已经做好了应对猫咪可能带来的小破坏（如抓挠家具、打翻物品）的心理准备？

20. 你能忍受公猫发情到处喷尿，母猫发情乱叫吗？
21. 你能接受猫咪的吐毛球行为（即呕吐毛球）吗？
22. 你能接受猫咪偶尔拉稀，影响家中环境的行为吗？
23. 如果家中已有其他宠物（如狗、鸟等），它们是否能与猫咪和平共处？
24. 你是否了解如何养新猫咪以避免和"原住民"冲突？
25. 你是打算从正规猫舍、领养机构还是个人手中获取猫咪？

26. 你是否了解并愿意遵守所选方式的相关要求和流程？
27. 如果你是和家人一起居住，他们是否都同意养猫？
28. 家庭成员是否有人对猫毛过敏？
29. 你的家人会介意猫换季掉毛、磨爪子、咬人抓人、疯跑、搞破坏吗？
30. 你未来的另一半同意你养猫吗？

猫事百科

选购篇：买猫如何避免上当受骗

🐾 获取猫的方式：购买还是领养？

-------------------- 购买猫咪 --------------------

从专业的猫舍、宠物店或者通过私人渠道购买一只品种猫。这种方式可以让你选择特定的品种、颜色和年龄的猫咪，确保你得到一只符合你期望的宠物。

然而，购买猫咪往往伴随着较高的经济成本，并且需要仔细挑选信誉良好的卖家，以避免买到健康状况不佳或有遗传问题的猫咪。

part2 准备指南：迎接猫咪到家的准备工作

选购纯种小猫一定要找有店面并且信誉良好的商家，若找大型繁殖场、宠物店，猫咪的来源多、不容易照顾，几十只、几百只猫咪笼养、堆放在一个地方，因此健康方面没有保障，也就是俗称的"后院猫"。但是近几年来，一些猫店也非常注重疾病的管控以及售后服务，需要个人多加筛选。

领养猫咪

领养猫咪是一种更为人道和经济的选择。若对猫的品种不是很在意，可以从动物收容所、救助组织或个人救助者那里领养一只需要新家的猫咪。领养不仅可以为那些无家可归或被遗弃的猫咪提供一个温暖的家，还能减轻收容所的负担。

领养的猫咪通常已经接受了基本的健康检查和疫苗接种，甚至有的猫咪已经被绝育，减少了未来产生健康问题的可能性。费用通常远低于购买猫咪的费用，有时甚至免费。但是这些地方通常会进行严格的筛选，考察你是否适合领养这样的猫，也会定期回访，看领养人的喂养情况，是否有弃养。

无论是选择购买还是领养猫咪，最重要的是要确保你能够为这个小生命提供一个充满爱和关怀的家。无论猫咪的来源如何，它都将是你家庭中的一员，需要你的关心和责任。在做决定之前，仔细考虑你的生活方式、经济能力和对猫咪的期望，确保你能为它提供一个幸福和健康的生活环境。

防止买到病猫必须注意的几件事

"星期猫"

新手买猫，最害怕买到"星期猫"。何谓星期猫？有的小猫在购买时看似健康，但买回家后，一个星期左右开始发病，病情恶劣、病程快，小猫很快就夭折，因此称为"星期猫"。导致小猫夭折的疾病，大多是猫瘟热病毒、疱疹病毒、肠道寄生虫（滴虫和球虫）、猫白血病病毒以及猫艾滋病等严重疾病。

想避免挑到星期猫，一是要选择正规可靠的购买渠道，二是挑选时要关注猫咪的一些细节。

购买途径

相信很多爱毛绒小动物的人都遇到过这种情况：逛街的时候看到路边笼子里的小猫娇憨可爱，价格可能几百到一千元，并不昂贵，就产生冲动……

在花鸟鱼市场、路边猫贩子等非正规繁育渠道买猫，以及线上电商渠道买猫，是最容易买到"星期猫"的，因为不能当面查看，而且无法申诉。从正规猫舍渠道买猫，风险会小一些。

有以下要点需了解：

- 优先选同城，能当面看猫。
- 猫品种单一、总数量少，且能够提供猫免疫证明。
- 只能在线看，猫数量极多、多个品种大量混养的，缺少免疫证明的店铺则谨慎选择。

part2 准备指南：迎接猫咪到家的准备工作

观察猫咪

选好了买猫渠道，就该挑选自己喜欢的小猫了，除了眼缘、品种以外，很多新手看猫往往是看猫有没有精神，行动是否顺畅，这还远远不够，建议再多观察以下几个细节：

- 小猫是否打喷嚏，如果打喷嚏很多，有可能患有疱疹病毒。
- 观察猫砂盆内是否有软便，有的话可能有肠道寄生虫。
- 了解小猫是多大断奶的，有没有喝过母乳，一般来说，喝过较长时间母乳的小猫免疫力要比没喝过、断奶早的小猫强一些，更不容易生病。
- 挑好看上去健康的小猫之后，打完3针疫苗并且生效后，再接回家。

01 眼睛
清澈明亮，不怕生人，不怕光，不流泪，没有分泌物，也没有发炎。

02 鼻子
鼻子微微湿润，没有分泌物。

03 肛门
肛门紧闭，并且干净，附近的被毛上没有黏附任何粪便污物。

07 胃口
胃口好的猫一般健康状况较好。

04 口腔
口腔呈健康粉红色，没有口臭；牙龈坚固，呈淡粉红色，没有溃疡，牙齿呈雪白色。

06 被毛
健康的小猫被毛光滑柔顺，翻开里层的毛没有小黑点。

05 耳朵
耳朵应呈粉色，没有耳垢。若用食指和拇指在耳后搓动，听力正常的小猫会立刻回过头。

猫事百科

到家前要做的检查

常规检查

在把猫带回家之前,一定要带去医院做一些检查:

- 猫瘟热抗原检查
- 皮肤检查
- 血常规检查
- 猫白血病 + 猫艾滋病检查
- 粪便检查
- 体内外驱虫
- 耳道分泌物检查

如果有异常,听医生的治疗建议,没有异常才可以放心带回家。

以下是针对"到家前要做的检查"中各项内容的详细介绍，帮助你了解每项检查的目的和重要性：

猫瘟热抗原检查（FPV抗原检测）

猫瘟热是幼猫的高危传染病，传染性强、死亡率高。通过抗原检测可确认是否感染或携带病毒，避免将病猫带回家，威胁其他宠物健康。

血常规检查（CBC）

目的：判断是否存在贫血、炎症、感染、脱水或潜在血液疾病，同时评估免疫系统功能。

粪便检查

目的：肠道寄生虫可能导致腹泻、营养不良，甚至传染给人（如部分人畜共患寄生虫）。若发现寄生虫需立即驱虫。

耳道分泌物检查

目的：耳螨是猫咪常见问题，会导致瘙痒、耳道红肿和分泌物增多，需及时治疗，避免扩散。

皮肤检查

目的：皮肤问题可能由真菌（如猫癣）、寄生虫或过敏引起，猫癣还可能传染给人，需提前干预。幼猫由于抵抗力较差，很容易得猫癣。

猫白血病+猫艾滋病（FIV）检查

目的：猫白血病会削弱免疫系统，引发贫血、肿瘤，可通过唾液传播；猫艾滋病类似人类艾滋病毒，通过咬伤传播，导致免疫系统崩溃。两种疾病均无法治愈，需隔离患病猫并避免与其他猫接触。

体内外驱虫

目的：新猫可能携带寄生虫，若未驱虫可能传染给家中其他宠物或人类，尤其是幼童。

即使检查结果正常，也建议将新猫与"原住民"隔离1~2周，观察是否有潜伏期症状（如打喷嚏、腹泻）。若猫咪年龄较小或来源不明，需定期复查，根据检查结果，医生可能推荐疫苗补种、营养补充或进一步检查（如生化、X线等）。以上检查可以最大限度确保猫咪健康，减少疾病风险，为它提供一个安全的家庭环境。

| 猫事百科 |

工具篇：养猫你需要买好这些东西！

🐾 猫碗

要选择有一定分量、不易被打翻的猫碗，碗要够大，不会卡嘴、卡胡须，深浅适中，方便猫用餐。

应该选择易于清理的、不易滋生细菌的材质，如陶瓷、玻璃。

建议最好选择高脚斜口碗，内底圆弧形，有一定深度，但不要太深，这样猫粮不容易扒拉出来，猫吃得也不费劲，如果你有出差需求，可以入手自动猫碗、水碗。

猫水碗选择原则和猫粮碗一样，建议用大口、底部稳的，高脚矮脚均可。水碗也可加水泵，使水流动起来，不过要经常清洗更换。

猫碗材质优先级：釉下彩陶瓷 > 玻璃 > 不锈钢

---- 合适的猫碗 ----

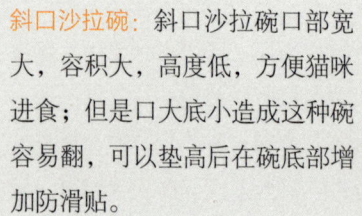

斜口沙拉碗：斜口沙拉碗口部宽大，容积大，高度低，方便猫咪进食；但是口大底小造成这种碗容易翻，可以垫高后在碗底部增加防滑贴。

高脚斜口碗：碗口大，斜口设计，高脚，碗不深不浅，不容易翻，易舔食，吃东西着急的小猫也不会把猫粮铲出去，但是价格偏高。

不合适的猫碗

釉上彩陶瓷：是在已烧成瓷器的釉面上用彩料绘画，易磨损，易受酸碱腐蚀，有安全性问题。而且这种可爱造型的猫碗，罐头等湿粮容易卡在缝隙里，猫咪很难舔食。

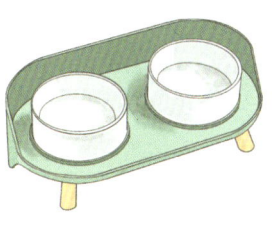

平底猫碗：碗太深，猫咪的胡须卡在碗边，它就不会去吃底下的猫食，平底的边角也容易卡住湿粮，不易舔食。

不锈钢猫碗：比较轻，容易移动或者打翻，不锈钢有反光，影响猫咪眼睛。

塑料猫碗：塑料有划痕易滋生细菌，容易使猫咪产生"黑下巴"。

| 猫事百科

🐾 猫砂盆

从猫咪小的时候就买最大号的，一步到位，一般来说不用频繁更换。最好选用塑料的，木箱、纸箱不宜用作便盆。

刚来家里的小猫可能需要暂时关在笼子里喂养，就需要一个全开放式的猫砂盆放到笼子里，方便观察小猫的排泄情况。

非笼养的幼猫或年迈的老猫，则需要一个边沿比较低的猫砂盆。

Tips
- 便盆不能太小，要有让一只成猫进出及掩埋粪便的空间，一般来说是体型的1.5倍最佳，且要摆放在通风的地方。
- 便盆底部应铺垫约5厘米厚的猫砂，不能铺得太薄，猫咪刨不起来。
- 猫很爱干净，因此要定期清洗便盆，更换铺垫物。
- 家里多猫的话，猫砂盆的数量是N+1。

---------------- 各类猫砂盆介绍 ----------------

半封闭

优点：易清洗，猫咪出入方便，可以放入猫笼里。

缺点：不隔臭，有严重的猫砂带出。

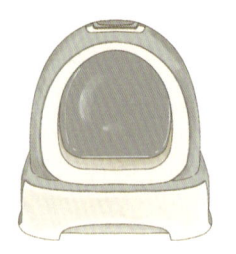

全封闭侧入式

优点：隔臭。

缺点：有的猫可能不会开门，会带出猫砂，铲屎较为不便，需要把盖子全部取下来。

part2 准备指南：迎接猫咪到家的准备工作

全封闭顶入式

优点：减少了猫砂带出问题，隔臭。

缺点：需要跳出来，幼猫和老猫出入不方便。

智能全封闭式

优点：智能识别猫咪如厕时间，自动铲屎。

缺点：没有集便仓满仓通知，粪便溢出；价格昂贵，可能会出现故障卡住，把猫咪关住。

猫窝

猫窝有很多材质，毛绒、藤编、木质等等，只要选择有足够的空间，以猫能完全舒展的大小为宜的猫窝即可。猫是一种很爱干净的动物，要经常打扫猫窝，保持猫窝的干爽洁净。

猫咪不一定喜欢待在猫窝里，有时候家里买了很多个不同材质的猫窝，可能它根本"不屑一顾"，而是更喜欢硬纸盒、塑料箱等。

猫抓板

如果不想家里的沙发、家具遭殃,猫抓板是必备的!

猫抓板有很多款式,比如剑麻柱式、猫窝猫抓板一体式、三角体式等等。

猫抓板主要由高密度专业的瓦楞纸或剑麻等材质制成,环保无污染,健康安全又结实耐用。它能够将猫咪的注意力从家具、沙发上转移过来,让猫咪放肆抓挠,释放情绪,还可以帮助猫咪修理爪尖,也不会划伤猫咪爪子。

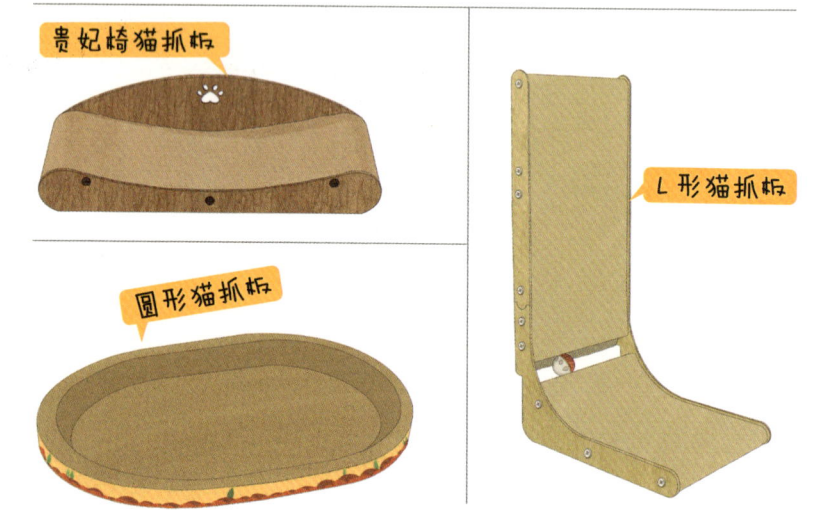

贵妃椅猫抓板

L形猫抓板

圆形猫抓板

猫笼 `非必要`

一般来说都不建议使用猫笼关住猫咪,除非是年龄很小的猫,乱跑、乱冲,容易撞伤自己。可以准备个大一点儿的猫笼,等到猫年龄大一点儿,稳重了,就不用猫笼制约它的行动了。

对于体弱的小猫,需要时刻关注身体状况,马上要生产的猫妈妈需要主人准备好"孕妇房",这时就会用上猫笼。

航空箱/猫包

猫包最好选择轻便,重量在1~2千克、方便携带的。如果猫咪不经常出行,则选择航空箱就够用。

航空箱比较重,一般为3~6千克,是空运必备的,只能手提,但空间大、更实用。

选购要素

空间	宽敞,猫咪可以自由活动,如站着、坐着、趴下、转身
透气性	透气通风,散热良好,防止中暑
隐蔽性	非透明,防止应激
便携性	帆布猫包＞航空箱双肩＞单肩＞手提

禁!

这种猫包虽然通风透气,但是在有大太阳的情况下,塑料升温快,会使猫包内更热、更闷;全透明的设计也会让猫咪更加紧张。

猫事百科

🐾 梳子

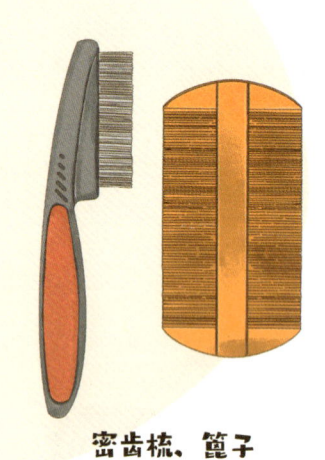

密齿梳、篦子

推荐指数： ★★☆☆☆

使用体验： 梳齿分布密集，遇到猫毛容易打结的部分梳不开，容易梳疼猫咪；梳面比较窄，所以单次梳理面积有限；梳子手柄也会沾很多的毛。

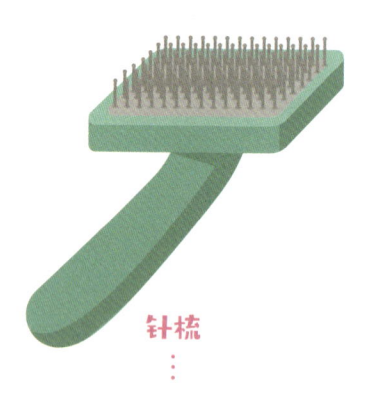

针梳

推荐指数： ★★★☆☆

使用体验： 带着小针尖的梳子主打按摩，一般会有一键按出毛发的功能。但是力气过大，针尖可能会弄疼它们。

下毛效果适中，猫毛梳下来不会乱飞，基本不会有什么拉扯情况，握持感也比较舒服，有一定按摩效果，猫接受度高。

贝壳弯齿梳

推荐指数： ★★★★☆

使用体验： 梳齿呈弯曲的形状，可以梳理猫毛比较深层次的部位，同时牢固锁住掉落的猫毛。下毛开节、去浮毛效果都不错，方便清洁。

不过梳完之后毛发并不平顺，可以先用它梳理除毛，再用排梳整理一下。

| part2 准备指南：迎接猫咪到家的准备工作

排梳

推荐指数：★★★☆☆
使用体验： 价格便宜，下毛效果好，尤其对浮毛效果很好，清洁起来也容易，但梳久了手不舒服。

指甲刀

猫咪指甲刀通常有两种主要类型：剪式和磨砺式。现在指甲刀新增了LED灯照明、防剪血线、收纳盒等设计，这些功能可以提高修剪的准确性和安全性。

剪式指甲刀

类似于人类使用的剪刀，适用于修剪较长的指甲。这类指甲刀设计小巧，有弹簧和非弹簧两种类型，便于操作，能够准确修剪猫咪的指甲，避免剪到血线造成出血。

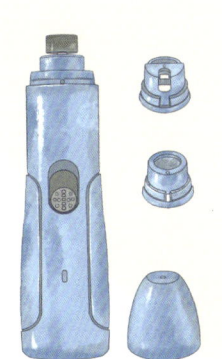

磨砺式指甲刀

通过旋转或摩擦的方式逐渐打磨指甲，使指甲变短且边缘光滑。这种工具适合已经磨尖或难以用剪式指甲刀修剪的指甲。电动磨甲器还配备了LED灯，可以清晰地照亮血线，防止剪伤。

猫事百科

🐾 猫砂

·············· 膨润土猫砂 ··············

猫咪起源于沙漠,在野外习惯于用松软的沙土埋屎尿来掩盖自己的气味。所以更小颗粒的猫砂,猫咪踩上去是更舒服的。膨润土,最像沙土,颗粒最小。

优点:毛孩子脚感、刨砂都是最爽的。对排泄物包裹性好,除臭效果适中。

缺点:不溶于水,大部分膨润土灰尘大,影响猫咪的呼吸系统,上完厕所容易带出。

·············· 豆腐猫砂 ··············

豆腐猫砂是由大豆纤维、玉米淀粉等物质压缩成型、高温烘干制成的,成分天然。

优点:基本无尘,颗粒较大不易带出,结团效果不错。

缺点:脚感不如膨润土猫砂好,挑剔的猫咪可能不爱用就会在外面拉尿。对排泄物包裹性没有膨润土好。气候潮湿的时候储存不当容易发霉。

·············· 混合猫砂 ··············

混合猫砂,就是膨润土猫砂和豆腐猫砂混合,也可以买两种砂自己混,混合比例是豆腐猫砂:膨润土猫砂=7:3。

优点:灰尘很小,豆腐猫砂不能完全包裹的排泄物会被膨润土猫砂填满,除臭效果很好。

缺点:脚感不如膨润土猫砂,也有粉尘飞扬的可能性。

🐾 伊丽莎白圈

　　伊丽莎白圈，又称"耻辱圈"，是一种专为猫、狗和各种小动物在手术后、患病期间防止抓挠、舔舐伤口所佩戴的装置，也会用于美容院给猫狗洗澡时，以防止抓咬美容师。

🐾 -------------------- **半透明塑料头圈** -------------------- 🐾

优点　防止挠眼睛、挠下巴、舔到肚子，全方位防护。

缺点　头朝上戴影响吃饭喝水和左右视线，头朝下戴跑跳和睡觉体验感不佳，部分敏感的猫戴久了会焦虑想挣脱。

🐾 -------------------- **微防水棉圈** -------------------- 🐾

优点　不影响猫咪吃喝拉撒睡，脖圈有松紧调节绳，微防水，软绵绵的，像枕头一样舒服。

缺点　腿较长、大体格的猫猫侧弯腰，后腿还是能挠到脸和眼睛，如厕的时候可能会蹭到排泄物。

猫事百科

🐾 猫粮桶

购买猫粮桶需考虑以下两点：

①密封性要好，可以选择盖口内圈有橡胶封口条以及盖内有干燥剂卡口的猫粮桶。

②容量适合，猫粮必须在开封后的三个月内食用完，最好是两个月内，所以猫粮桶不用过大，容量在3~6千克的为佳。

满足以上两点，任何形制的桶都可以作为猫粮桶，没有必要买特别昂贵的，用家用米桶也可以。每换一袋新猫粮，放一两包防腐防潮包。

🐾 娱乐设施

猫爬架

猫咪喜欢在高处待着，最好买一些能够满足猫咪爬高需求的猫爬架，既可以供猫咪休息，也可以供猫咪抓挠。

part2 准备指南：迎接猫咪到家的准备工作

逗猫棒

逗猫棒不但可以满足猫咪的捕猎需求，还能增加主人与猫咪的互动，增进感情。

猫玩具

不能时刻陪猫咪玩耍时，可以买一些解闷的猫玩具。如大的毛绒球、剑麻老鼠、猫薄荷布面鱼玩具等等。

猫事百科

适应篇：
新成员到家的适应期

猫咪刚到新家时，可能会有一段时间缩在角落里、柜子里、沙发底下等阴暗的地方"暗中观察"，不吃不喝不拉，这是非常正常的。小猫到陌生的环境，需要观察周围环境，这时主人无须过于紧张，不管它，放任它熟悉新家，小猫会慢慢出来自己探索新环境。切记不可以强行把小猫从躲着的地方抱出，可能会导致小猫更加警惕、害怕。

可以先把小猫放到一个固定的房间，周边放一些带有猫妈妈气味或者其他熟悉气味的东西，然后再慢慢扩大小猫的可活动范围，让它在每一个房间都留下自己的味道，增强它对新家的熟悉感，便于它较快地适应环境。

在小猫愿意和主人亲近后，可以经常抚摸它，不仅可检查其身体状况，还有助于建立猫和主人的感情。小猫在主人的轻抚下，学会慢慢安定。也许一开始小猫会讨厌这种抚摸，但是只要循序渐进，形成习惯，小猫就会慢慢地喜欢这种抚摸。

另外，有孩子的家庭要注意教导孩子，让猫和小朋友和平相处。告诉孩子猫不喜欢甚至害怕被追逐，也不喜欢被人拉扯皮毛、尾巴，猫咪生气了会亮爪子、咬人，要避免被猫伤害到。

"原住民"与新猫到家的注意事项

很多"猫奴"在饲养第一只猫之后,总是会有想法再多养一只,或在路上看到可怜的流浪猫,会有悲悯之心,而自发收养。如果本来就有养多只猫的想法,最好从猫还小的时候就在一起养,一起长大的小猫对彼此的排斥性很低,不会出现"二娃家庭"常见的问题。

在做决定之前,你是否考虑过家里"原住民"的感受?无论是小猫、小狗还是其他小宠物,都需要时间和一些帮助才能与新成员和谐相处。如果已有"原住民"的情况下,要养第二只猫,要注意一下新猫的饲养问题。

健康安全问题

一切要以保护"原住民"为主,要避免新的小猫带有传染病,危害"原住民"。很多传染病必须依靠专业试剂的检查,比如猫瘟热、猫白血病、猫艾滋病等,并且需要经过长时间的隔离观察。

带新猫回家之前,应该先到宠物医院进行详细的健康检查,并且确认家中有足够的空间可以进行隔离。一旦新猫检查出来具有非严重致死性的传染病,如霉菌、耳疥虫、跳蚤、球虫、线虫、猫上呼吸道等问题时,应该立即进行治疗,并且与原来的猫咪完全隔离至少一个月,更要让原来的猫咪进行完整的预防接种。

如果不幸发现新猫感染具有致死性的传染病,特别是猫白血病、猫艾滋病等疾病时,需要慎重考虑饲养的可能,一定要与"原住民"完全隔离,而且自己接触后,也应该把衣物脱下并完全消毒,再接触家里的宠物。

隔离问题

首先我们要知道,为什么要进行隔离,有的主人认为,我的猫很温顺、很黏人、性格很好,应该跟新成员不会有太大矛盾,这是非常错误的思想。

猫是具有领地意识的动物,和狗不一样,服从性弱,内心敏感。家里已经是"原住民"的地盘了,乍然出现一个新成员,猫咪只会感到警惕,觉得有生物入侵了它的地盘。如果不进行隔离,直接让它们接触,性格敏感的猫咪可能会因为紧张和示威,产生一些过激反应。

感情问题

很多"原住民"已经跟主人建立了深刻的感情联系,如果主人养了新猫,大部分时间都关注新猫,和新猫相处,而忽略了"原住民",可能会导致它"吃醋"、不高兴。很多"原住民"性格温顺,对新猫没有什么攻击性,主人可能因此忽略了它的感受,会发现它经常躲在远处默默观察主人与新猫的互动。久而久之,"原住民"可能会抑郁、食欲不振。大娃二娃都是宝,要"一碗水端平"啊!

那么如何正确进行"多娃"家庭的融入呢?

合适的隔离区域

任何能让猫咪看见对方的，都不是合格的隔离区域，包括且不限于：阳台、玻璃房、笼子、猫屋。这样的隔离是无效的。

隔离地点最好是一个有非透明门的房间。如果条件不允许，可以给透明区域加装遮挡物，如门帘、毛巾等，不要让它们看得见对方。

在新猫到家之前，把生活必需品放到隔离房内。直接把新猫拿进隔离房，中途不要在公共区域放出来。

资源交换

资源交换其实是一个进阶版的熟悉气味的过程。一般是先进行物品交换，如猫窝，猫砂盆，然后进行地点交换，也就是新猫到公共区域，"原住民"到隔离房。

物品交换比较简单，就不细说。地点交换的时候，要注意猫咪不能直接看见对方。

交换期间要关注猫咪的状态，如果猫咪处于高压力状态，比如非常焦躁，疯狂摇尾巴，就尽快结束交换。隔一段时间再尝试，不要强迫。

熟悉气味

在这一步之前，必须先保证新猫和"原住民"在各自的领地是正常状态，吃喝拉撒正常，没有应激反应。

第一个方法是用毛巾擦拭新猫的脸颊和头部，然后把毛巾拿出去给"原住民"闻，如果"原住民"没有不满的表现，就可以擦擦"原住民"相同的地方，再拿回去给新猫，也闻"原住民"的味道。假如"原住民"很排斥，那就把毛巾放在它附近，不要强迫它。

第二个方法是隔着门吃饭，建议喂一些平时吃得少但猫咪又很喜欢的食物。目的是让猫咪把对方的存在与好事联系在一起。至于要离门多远，要看猫咪的反应。

| 猫事百科 |

新猫到家 Q&A

Q 小猫不让抱怎么办？

A 猫是非常敏感的动物，不能强制要求猫咪像小狗一样黏人。用温柔的声音和动作与小猫互动，避免突然的动作或太大的声音，以免吓到小猫。

当小猫允许你接近或轻抚时，给予它一些奖励，让它逐渐习惯与人亲近。

学习正确的抱猫方式，一只手托着小猫的胸部和前肢，另一只手托着它的臀部和后肢，不要让它悬空，让小猫的身体贴近你的身体，这样小猫会更有安全感。

Q 小猫躲在角落不出来怎么办？

A 不管它。千万别把猫咪强行拽出来，不管它躲在哪，多脏的地方，都不用管。不想猫咪太脏的，应该在接猫前就把家里收拾干净，把沙发底、床底清理干净。

Q 小猫不吃不喝怎么办？

A 短期内不管。如果小猫只是暂时不吃不喝，但精神状态良好，可以先观察一段时间。如果小猫一直不吃不喝，并伴有呕吐、腹泻等，应及时就医。

尽量为小猫提供它之前吃过的食物和水，以减少陌生感。

Q 怎么让猫咪知道自己的名字？

A 为猫咪起一个简短、易记且发音清晰的名字。在日常生活中经常呼唤猫咪的名字，让它逐渐熟悉并记住自己的名字。

在放猫食的时候反复喊它的名字，让它把吃饭和自己的名字联系起来，产生反应。

当猫咪听到自己的名字并有所反应时，如看向你、走过来等，及时给予它一些奖励，如零食、抚摸等。

Q "晚上不睡觉、大早上喵喵叫"，怎么办？

A 忍着。如果每次夜晚或大白天很早就喵喵叫，一叫你就出去，猫咪可能会觉得一叫你就出来跟它玩、给它吃的，反而会越发习惯在这些时间喵喵叫。

猫咪本来是夜行动物，可以尝试调整它的作息习惯，白天的时候多与它玩耍、互动，消耗它的精力。

Q 小猫刚到家能洗澡吗？

A 不能。小猫在陌生的环境中会感到害怕和不安，猫天生怕水，洗澡可能会进一步刺激其神经，导致它更加紧张和害怕，甚至引发应激反应。如精神差、食欲差，还可能引发肠道应激、拉稀、拉血、呕吐等生理疾病。

猫事百科

Q 小猫乱拉怎么引导?

A 如果小奶猫很早就离开了母猫,或者新家中也没有老猫,那么它是无法通过学习和模仿学会使用猫砂的。在已有这种社会习惯的猫咪身边,小猫会跟着学习。在使用猫砂的初期,不太会埋粑粑时,大猫也会主动过去帮忙。

一旦发现小猫乱拉,主人可以戴上手套,手把手教。

- **尿液**:用纸巾吸干尿液,丢到猫砂盆里,然后拎起小猫,握着它的爪子,把沾着尿液的纸巾埋住。
- **粪便**:用纸巾包裹粪便丢到猫砂盆,纸巾丢掉,用同样的操作教小猫埋粪便。

Q 被没打疫苗的小猫抓伤了怎么办?

A 如果检查过猫咪没有身体疾病的话,对伤口进行消毒处理即可。如果是野猫、刚接回家的猫咪,建议去医院检查询问兽医意见。

Q 打完疫苗后被抓伤怎么办?

A 被正常接种疫苗的家养猫咪抓伤不用担心,消毒处理伤口即可。如果是打完疫苗立刻就被咬伤抓伤,处理方式与没打疫苗一样,因为疫苗生效需要一定时间,实在不放心的还是建议去医院。一般来说,家养猫咪都不会携带狂犬病毒。

Q **1岁以上的猫能领养吗？会不会应激？**

A 应激和年纪无关，跟猫的性格、受到的刺激大小有关。有的猫胆子比较大，适应快，就不会应激，能较快地和主人亲近。

Q **小猫长猫癣会传染给人吗？**

A 会。猫癣是会传染给人类的，猫的其他疾病一般不会传染。感染猫癣后会感觉局部皮肤瘙痒，要尽快去皮肤科，平时给猫咪擦药要做好消毒，家庭环境保持通风和卫生隔离。

Q **营养膏等保健品有必要买吗？**

A 猫咪健康、胃口好就不用买，生病了遵医嘱后酌情购买。不要轻信广告词，一般猫咪的基础营养都可由猫粮和蛋黄提供。

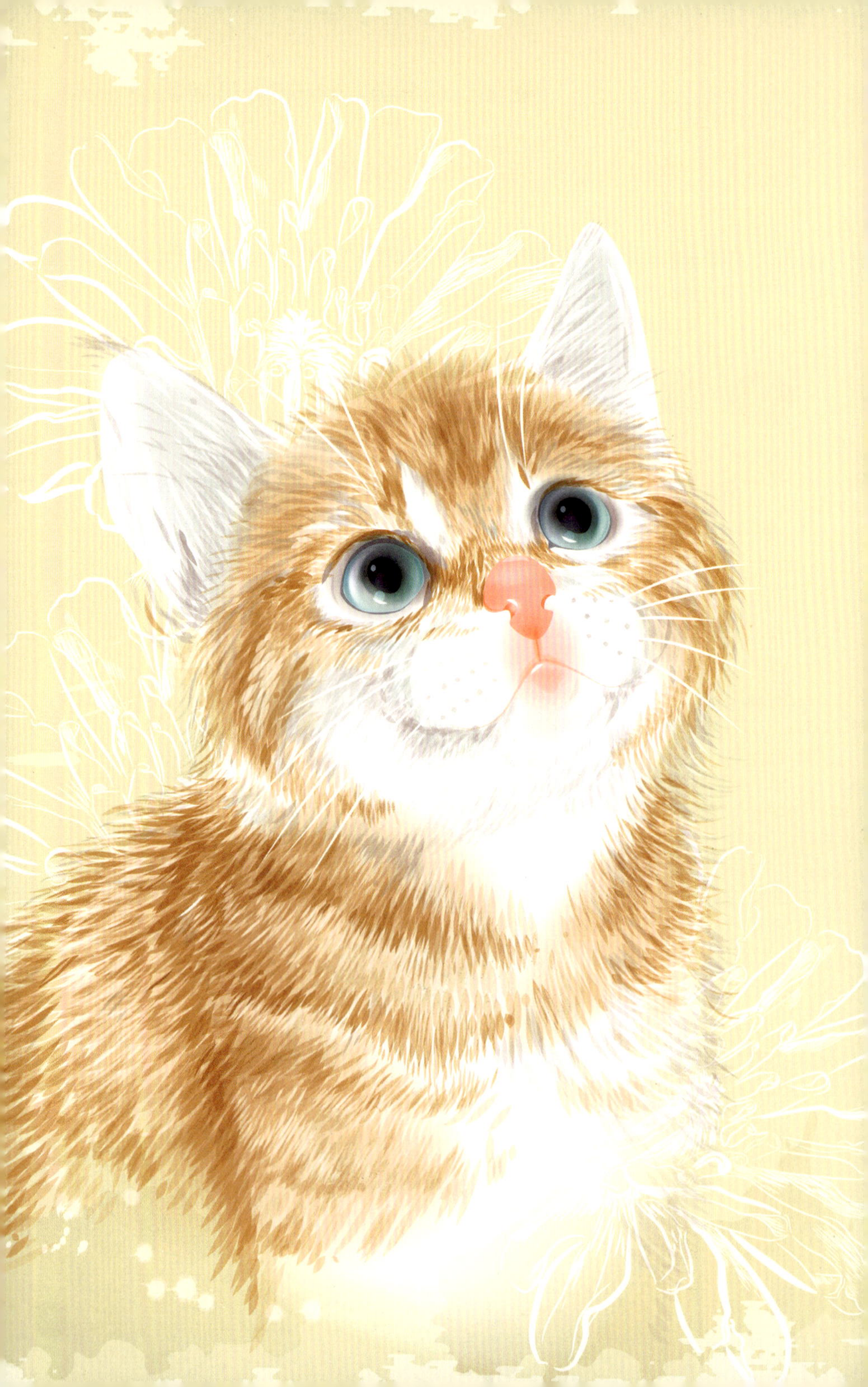

part 3

喂养指南：
如何喂出胃口好的圆润小猫

猫事百科

营养篇：猫咪是纯肉食吞咽型动物

🐾 猫咪所需的营养素

蛋白质

蛋白质是生命的基础，对于猫咪的生长繁殖起着十分重要的作用。成猫每天所需蛋白质为3克/千克体重。猫粮中，成猫猫粮的蛋白质成分不能够低于21%，幼猫猫粮不能够低于33%。

猫咪蛋白质不足的危害

- 消化系统紊乱。主要表现为食欲下降、采食量下降、营养不良、腹泻等。
- 繁殖生长发育受阻。蛋白质不足容易出现严重掉毛，幼猫生长发育缓慢甚至停滞，死亡率增加，公猫精子活力下降，母猫受孕率降低，怀孕后也容易出现发育不良甚至死胎。
- 易患贫血症等疾病。蛋白质摄入过低容易造成猫抵抗力减弱，继而感染各种疾病。

猫咪蛋白质过量的危害

蛋白质过量会增加猫咪的消化负担，尤其是一些难消化的大分子蛋白进入回肠后会被微生物过度发酵，造成便臭或者软便的情况发生，严重时会发生酸中毒，增加肝、肾的负担，引发肝、肾相关的疾病。

脂肪

脂肪是猫所需能量的重要来源之一，脂肪不仅为猫提供了高浓度能量，起到保温的作用，还提供了必需脂肪酸，即α-亚麻酸、亚油酸和花生四烯酸，对猫具有重要的营养生理作用，而且这三种必需脂肪酸只能通过食物脂肪获取。

但是，脂肪过多会引起过度肥胖或者造成代谢失调。一般情况下，脂肪所占饲料干物质重量的15%~40%为适宜，幼猫最好喂含22%脂肪的饲料。

纤维

纤维有很多功能，丰富肠道菌群、减少软便腹泻以及控制体重等，适量的纤维有助于猫保持理想体态。

一定比例的纤维能够帮助肥胖猫控制体重。猫肥胖问题显著，只吃单一的膨化粮是造成猫超重的主要原因之一。因此平时不能一直只喂一种膨化猫粮，应该经常给猫咪"开小灶"，换牌子、换口味，吃新鲜肉类等。

维生素和矿物质

维生素和矿物质是构成骨骼的主要成分，也是维持酸碱平衡和渗透压力的基础物质，还是许多激素和有机物质的主要成分，在猫的新陈代谢、血液凝固、调节神经系统和维持心脏的正常活动中具有重要作用。

猫咪补水很重要

喝水不足的危害

水是猫不可或缺的营养成分，饮水不足可能会导致猫咪代谢紊乱或死亡，引起多种健康问题。

- 缺水会增加猫咪患泌尿系统疾病的风险，如尿路感染、尿结石等疾病。
- 长期缺水可能导致猫咪出现脱水症状，这会影响其肾脏功能，甚至可能引起慢性肾病。
- 影响猫咪的消化系统，导致便秘等问题。

平时应该准备充足的清洁饮水供猫饮用。成猫每天的饮水供给量为40~60毫升/千克体重，幼猫每天则应该供给60~80毫升/千克体重。

花式"骗水"大法

罐头掺水

让猫咪多喝水，最有效最简单的方法就是给猫咪喂食适量湿粮、罐头等食物补充水分，或是罐头掺水，吃饭的同时喝水。但是长期吃湿粮的猫咪更有可能得牙结石。

水碗的摆放位置

猫咪更喜欢在可以观察到周围环境的地方喝水，把水碗放在干净、视野较为开阔的地方，不要离厕所太近，也不要把水碗放在食物的周围，这样容易对水造成污染。

家里多放水碗

平时家里面可以多摆放几个水碗，在猫咪喜欢活动的场所，让猫咪更多地留意到水碗，这样猫咪在口渴的时候就能随时随地喝到水。

换不同的水碗

猫咪更喜欢用陶瓷或玻璃碗喝水,碗的形状也会影响猫咪的喝水兴趣。因此,主人可以试着把水碗换成更宽、更浅的,观察它是否喝得更多。

每天更换新水

猫咪喜欢喝新鲜的水,如果水放置的时间较长,灰尘、污垢、毛发等都会聚集在水碗表面,猫咪自然就不会喝水了,所以建议主人每天至少换水洗碗1~2次,保持水的干净。

流动的水

猫咪喜欢流动的水,可以买猫咪专用的饮水机,或偶尔打开水龙头,吸引猫咪喝水。当然也有猫咪不喜欢流动的水,要根据自家猫的情况而定。

天然的水源

自来水中含有氯,有些挑剔的猫咪更喜欢喝天然水源,主人可以尝试喂猫咪凉白开或者蒸馏水。

用针管灌水或皮下补液

如果以上方法都无法让猫咪饮用到足量的水,而且猫咪已经有了严重的缺水性疾病,则需要用针管灌水或皮下补液,达到饮水总量。在灌水之后需要给猫咪奖励一点儿小零食,不然会让猫咪更加讨厌喝水的。

猫食篇：不同类型猫食品怎么选择

猫属于肉食性动物，其饲料以肉类为主，千万不可因为个人喜好而要求猫吃素，更不要喂它吃狗食。猫所需要的基本营养成分包括蛋白质、脂肪、糖类和各种维生素等，这些成分都不可缺少，所以应该根据不同情况搭配猫的食物。

不同类型的猫食品

猫粮

最好选择大品牌、知名度高、有专门宠物食品行业标准的猫粮，更专业、更安全。

优点

方便、快速、经济；含水量低，容易保存；营养素均衡，并且有不同成长时期的配方；预防牙结石、减少口臭；含有大量的纤维素，可促进消化。

缺点

所含的脂肪酸会随着存放时间变长而逐渐散失，故需注意保鲜期和存放的环境与温度。长期只食用猫粮，会导致脂肪、蛋白质、水分摄取不足，因此应该经常补充其他食物，以保证水分的供给。

猫粮成分怎么看？

配料表排名越前，肉类越多，鲜肉越多，表示动物性蛋白质含量越高。

肉类新鲜顺序：

- 鲜肉
- 冻肉
- 肉粉
- 蛋类
- 豆类
- 谷物（小麦、糙米、大米）

像豌豆、黄豆等植物蛋白的成分越少越好，猫咪不需要植物蛋白。

鸡肉、鱼油等动物脂肪都是不错的，亚麻籽油之类的植物脂肪少量可以，太多不要选。

粗蛋白含量

好的猫粮粗蛋白占比在35%以上（美国宠物饲料协会AFFC的干猫粮粗蛋白标准为≥30%）。粗蛋白是食物中的一种营养成分，提供猫咪日常生命能量，猫粮中粗蛋白占比越高，说明这款猫粮营养价值越高。

但是猫粮里的粗蛋白可以分为两类：

- **动物蛋白**：动物蛋白来源于肉类，也就是说猫粮里的肉类越多，动物蛋白含量越高。
- **植物蛋白**：植物蛋白来源于五谷，如果猫粮里的植物蛋白很高，说明添加了大量五谷。

但检疫学上不会区分动物蛋白跟植物蛋白，而是将这两种蛋白统一称为粗蛋白。

因此很多黑心猫粮厂家，为了让猫粮粗蛋白数据好看，会在猫粮里添加过多廉价的五谷，来增加猫粮粗蛋白的比例。猫咪长期食用植物蛋白过高的猫粮，容易虚胖，甚至引发肠胃损伤。

| 猫事百科 |

Q 怎么判断粗蛋白含量里是否添加了大量谷类?

A 可以看赖氨酸的含量。赖氨酸只会大量存在于动物蛋白中,如果一款猫粮赖氨酸含量在1.5%以上,说明这款猫粮里含有大量的动物蛋白,是款好猫粮;如果低于1.5%,说明这款猫粮里植物蛋白较多。

脂肪含量

脂肪是猫咪次要的能量来源,维持毛发、皮肤的代谢。猫对脂肪的耐受性较高,但长期吃单一过多脂肪的猫粮可能造成猫咪肥胖。(美国宠物饲料协会AFFC的干猫粮脂肪标准为≥9%)

牛磺酸

牛磺酸是猫自身无法合成的一种氨基酸,也是一种必需的微量元素,可以缓解猫咪泪痕症状。长期缺失可能会导致视力退化、心肌无法正常收缩,导致心衰等问题。牛磺酸溶于水,吸收过多,可以通过尿液排出。(美国宠物饲料协会AFFC的干猫粮牛磺酸标准为≥0.1%)

碳水化合物

猫咪无法代谢碳水化合物,吃多了,猫咪容易肥胖。因此猫粮里这个指标越低越好,参考数值在20%,低于20%算是优秀,20%~25%一般,大于30%就不要考虑了。

钙磷比

钙含量/磷含量,合理范围在1~1.5,最好是1.2∶1~1.4∶1。

价格正常的猫粮基本不会存在添加过量或少量的问题,不必太过纠结。

part3 喂养指南：如何喂出胃口好的圆润小猫

粗灰分

粗灰分是矿物质高温燃烧后，生成氧化物和盐分等无机残渣，越低越好，如果原料表上有风味剂、食用盐等成分，不建议购买。我国行业标准是≤10%。

Ω-3、Ω-6 脂肪酸

猫咪自身无法合成的脂肪酸，是维持猫毛代谢的主要成分，有美毛需要的猫咪，要重视脂肪酸的含量。

猫粮其他选择因素

除了看成分，猫粮还要看适口性、猫咪吃了是否会软便、是否会得"黑下巴"。

- **适口性验证**：适口性跟原料的成分、颗粒的大小、是否加了诱食剂等因素有关。颗粒不能太大，方便各个年龄阶段的猫咪食用。
- **软便验证**：猫咪不经过换粮过渡期，直接喂食2天，每天50克，看看猫咪的便便是否成形。
- **油脂性验证**：用餐巾纸包裹一份新打开的猫粮，餐巾纸吸附的油脂越多越黄，说明猫粮的油脂量就越大。会黏附在猫碗和猫下巴，有"黑下巴"的风险。

猫事百科

冻干

冻干是真空冷冻干燥，将新鲜肉类放入零下40℃的真空环境中急速冷冻，使肉类含有的水分变成冰块，然后在真空下使冰升华而达到干燥目的。保留了新鲜食品的色、香、味及营养成分。

- **主食冻干**：则是肉+内脏+必备营养元素，可以作为主粮食用，价格比较贵。
- **零食冻干**：就是单一肉类脱水制成，只能作为零食，偶尔给猫咪吃。主要是补充点营养，辅助作用，价格也比较便宜。

罐头

优点

口感佳，且未开的罐头保存时间也很长，平日可以搭配猫饼干喂食，其中约含有75%的水分，以各式肉、鱼类为主，还含有丰富的动物性蛋白质、脂肪和高热量。

缺点

小罐装较贵，大罐装一次吃不完容易腐烂变质，须存放在冰箱内，喂食前再加热，但加热又会破坏某些营养素。

part3 喂养指南：如何喂出胃口好的圆润小猫

罐头怎么看

配料：好的罐头，配料表第一位一定是肉，没有添加谷物，或者适当稍微添加一点儿。按照配料表排名顺序，如果第二名开始就是谷物（大米、大麦），就可以直接淘汰。

- 营养成分：粗蛋白>9%；粗脂肪>4.5%；粗纤维<2%；水分75%~85%；粗灰分<3%。
- 适口性：得根据猫咪的口味来选购，猫罐头的质地也会影响适口性，有的猫咪喜欢咬着吃罐头，有的猫咪喜欢舔着吃罐头。

罐头里不好的成分

胶质：添加胶质是为了增加分量并提高食物外观质感，也能降低成本，胶质含量越低越好。

胶 质	危 害
卡拉胶	又称麒麟菜胶、石花菜胶。它能引发肠炎，诱发消化道癌症反应，也可能引发尿路疾病
黄原胶	又称黄胶，除了可能致敏外，还会造成肠道疾病，制作过程中也可能产生黄曲霉毒素，有致癌的可能
瓜尔胶	又称瓜儿豆胶，通常会与黄原胶一起使用。它会降低食物中蛋白质和脂肪的吸收代谢，还会刺激胆汁分泌导致溃疡或胰腺炎，可能会导致猫咪软便、腹泻

类似的还有洋菜胶/琼脂、决明子胶、刺槐豆胶、角斗胶

维生素K_3：学名叫甲萘醌，维生素K_3可能对肝脏和红细胞有毒性，其他潜在危害包括增加过敏、削弱免疫系统、对肝、肾、肺、黏膜和其他组织有毒等。

生骨肉

优点

生骨肉是包括肉食和骨骼的生食,与猫咪在自然环境中的饮食习惯相一致,既能满足猫咪对水分的需求,也能满足其营养需求。能满足猫咪的咀嚼需求,预防牙结石,对猫咪生长发育很好。

缺点

每只猫的营养配比需求不同,涉及兔肉、鹿肉等小众肉类购买较难,还需要分装、配比,操作较困难。

猫零食

对于成长中的小猫、怀孕母猫、活动量大的猫咪,可以喂食一些正餐之外的食物,比如小鱼干、虾米、饼干等,补充营养和额外营养素。

给猫咪剪指甲、放进猫包、训练时,也可以喂一些猫零食,作为奖励或安抚猫咪情绪,增加猫咪与主人的感情。但是分量太多的零食会使猫习惯口味重的食物,造成偏食、挑食,因此,选择猫零食也应该尽量选择没有过多添加剂的,如胶质、诱食剂等。

part3 喂养指南：如何喂出胃口好的圆润小猫

猫咪的饮食注意事项

01 猫碗的位置

猫碗应固定使用，因为猫对猫碗的变换很敏感，有时会因换了猫碗而拒食，因此猫碗不能随便更换。可在猫碗底下垫防滑垫等，防止猫碗滑动时发出声响，而且也易于清扫。

02 进食时间要固定

猫进食的时间需要固定，不能随意变更，也就是"定时定点"，能最大限度避免猫咪挑食的坏习惯，增进与主人的联系。

03 猫碗的清洁

保持猫碗的清洁，每次吃剩的食物要倒掉，或收起来待下次喂食时和新鲜食物混合煮熟后再喂食。

04 喜欢吃有腥味的食物

猫喜欢吃甜食或有鱼腥味的食物，但味道不能太淡或太咸，若将猫的饲料调配得新鲜可口、多样化，能够让猫保持很好的食欲。

05 喜欢吃温热的食物

猫喜欢吃温热的食物，但不能太烫，猫不喜欢吃刚从冰箱里拿出来的食物，如果将打开的猫粮放在冰箱里，在喂猫前应在常温环境下放一段时间使其接近室温。凉食、冷食不但影响它的食欲，还易引起消化功能的紊乱，食物的温度以30~40℃为宜。

06 鸡蛋

如果喂猫吃鸡蛋，一周不可超过两个。

| 猫事百科

常见猫食Q&A

Q 什么类型的猫食最好？

A 生骨肉>罐装主食>冻干>猫粮。在自己力所能及的经济范围内选取合适的猫食即可，无须太过忧心。如果经济能力有限，买不起较好的猫食品，可以买一些鸡胸肉、虾、鸡蛋，价格便宜，对猫咪也很好。

Q "无谷猫粮"是什么意思？

A "无谷猫粮"并不代表就是纯肉食，可能是用其他淀粉类代替谷类中的谷物成分。例如原配方加的是玉米、糙米、小麦、藜麦等谷物，后来改用薯类、豆类、水果蔬菜。

Q 怎么简单区分猫粮的段位？

A 从蛋白质含量简单评判，低端猫粮蛋白质含量一般低于30%，中端为30%～38%，高端为38%～46%。

Q 猫粮里的蛋白质是不是越高越好？

A 当然不是，过高的蛋白质含量会让猫咪变肥胖，也会出现一些相关的病症。有可能含有较多的植物蛋白，对猫咪无益处。

Q 什么时候可以由幼猫粮转换为成猫粮？

A 猫咪1岁时，需换吃特别为成猫所调配的成猫粮；成猫不再需要幼猫粮所提供的大量热能和大量的营养素。

Q 猫粮可以直接换吗？

A 最好不要。换猫粮应该在5～7日内逐渐掺换。在这段更换饲粮的时期，应特别注意监控猫的体重、排泄情况，肠胃脆弱的猫咪可能会软便。

Q 可以喂食人吃的食物吗？

A 给幼猫食用人吃的食物会造成不必要的困扰行为，例如造成它们乞求食物或偷取食物的坏习性。人吃的食物可能含有大量调味品，猫咪的消化系统无法消化吸收人吃的调味品。

Q 需要额外喂维生素吗？

A 正常来说不需要。额外添加维生素等营养补充物，可能造成营养失调的结果。价格正常的猫粮都含有均衡的营养素，一般只需要喂食额外的新鲜肉食，如鸡胸肉、鸡肝、鸡蛋黄、虾、深海鱼肉等，就能补充缺失的营养素。

Q 猫咪可以吃狗粮吗？

A 不可以。因为其中肉类的蛋白质成分不够高，而罹患膀胱疾病的猫则不能吃干燥食品，如果猫拒绝进食，主人可试着喂它猫粮罐头，这类食物可以引起猫的食欲。

猫事百科

各阶段猫咪的喂养原则

🐾 幼猫

幼猫正处于快速生长发育阶段,对营养的需求较高。需要富含高质量蛋白质和高能量的食物,蛋白质需求是成猫的2.1倍,钙的需求是成猫的5倍,以支持其身体成长、皮毛、肌肉骨骼的发育。

根据猫咪的体重和年龄调整饲喂量,通常每天可喂4~5次,并逐渐减少至每天2~3次。

🐾 成猫

在选择猫食的时候,必须考虑猫的年龄、健康状况、成长阶段以及生活方式等因素,为它做最好的选择。成猫的营养需求相对稳定,但仍需保持均衡。相较于幼猫,对蛋白质和脂肪的需求略有降低,但仍需保持一定水平以维持肌肉质量和身体健康。

| **part3 喂养指南：如何喂出胃口好的圆润小猫**

猫咪渐渐不喝母乳后，需要喝更多水来帮助消化猫粮，因此要注意及时给猫咪补充水分。

一般成猫平均体重3~5千克，一天需要85克左右的干燥或半湿猫食，或者170~230克的罐头。喂食量因猫而异，同时也要兼顾食物的营养成分，还要注意看猫当时的食欲和身体状况，总之需要弹性控制。

老猫

老猫的身体机能逐渐衰退，代谢减慢，对营养的需求发生变化，消化能力下降，对蛋白质和脂肪的消化能力减弱；肾脏功能下降，对磷的代谢能力也下降了。

最好选择专为老猫设计的猫粮，食物中应增加纤维素的含量，考虑其消化能力和肾脏功能。喂食小块的猫粮或含有更多肉类成分的罐装猫粮，以刺激食欲。

监控猫咪的体重和健康状况，及时调整饮食计划。

怀孕和哺乳期母猫

怀孕和哺乳期母猫需要额外的营养来支持胎儿的生长发育和哺乳，对蛋白质、脂肪、矿物质和维生素的需求显著增加。

选择高质量的成猫猫粮或专门为怀孕和哺乳期猫咪设计的猫粮；经常给孕猫和猫妈妈喂食高蛋白质的食物，如煮熟的鸡肉、鱼肉、虾肉等；确保母猫有足够的水分摄入，以促进乳汁产生和体内毒素排泄。

猫事百科

这些东西猫咪不能吃！

🐾 猫咪吃了会有危险的食物

01 洋葱、葱、大蒜、韭菜

这些蔬菜中富含破坏猫体内红细胞的成分，既不能够单独喂洋葱，也不要混在碎肉中。

02 章鱼和贝类

含有猫不适应的成分，多吃引起猫消化不良和胃肠障碍。

03 木糖醇

口香糖等糖果含有木糖醇，会导致猫的身体里增加胰岛素流动，使猫咪血糖下降，还会造成肝受损，主要的症状是呕吐、嗜睡，有些猫还会出现癫痫症状。

04 海鲜类食物

适当吃一些可以额外补充Ω-3脂肪酸，但是猫咪无法完全代谢海鲜里的矿物质，易产生结石，有的海鲜会导致猫的皮肤发炎。

05 牛奶

牛奶虽然营养价值比较高,但不利于消化吸收,可能引起腹泻。最好喂羊奶,或者是加了乳糖酶的牛奶。

06 鱼骨、鸡骨

猫咪吃东西是纯吞咽,不会咀嚼,骨头可能会刺伤猫的胃。

07 生蛋白

生蛋白含有抗生素蛋白质,这种化学物质会中和维生素,使猫无法获得身体所需的维生素。

08 巧克力

巧克力所含的可可碱会造成猫食物中毒,中毒则可能引起呕吐、下痢、尿频、不安、过度活跃、心跳呼吸加速,一般猫咪在食用巧克力制品几个小时之后就会有症状表现,重症时1～2天内就有可能死亡。

09 人用的感冒药

含有乙酰氨基酚或阿司匹林的药物对猫都是致命的,因为猫咪不能代谢掉这种成分,造成高铁血红素症。只要约50毫克,猫咪就会出现中毒症状,500毫克就可以杀死一只3千克左右的猫咪,即使是少量,也会造成无症状表现的肝中毒。因此,不能把人用的感冒药给感冒的猫用。

10 生猪肉

生猪肉里有弓形虫,易导致猫生病。

| 猫事百科

11 咖啡因

咖啡、茶、可乐、红牛,自己喝不完的,一定不要放在猫能接触到的地方,很多猫特别喜欢用人的杯子喝东西,足量的咖啡因对猫来说可能是致命的,中毒症状有烦躁不安、呼吸急促、心悸和肌肉震颤等。

12 葡萄/葡萄干

葡萄里含有单宁酸等对猫有毒的成分,猫咪容易出现中毒反应,导致呕吐、肾脏衰竭等症状。

13 柑橘类水果

这类水果含有柠檬酸、柠檬烯、沉香醇和补骨脂素等精油提取物,对猫咪有刺激性,大量摄入有可能会抑制中枢神经系统,还有可能会出现腹泻、呕吐、虚弱等症状。

🐾 对猫咪有危险的植物

植物名	危害
铁线蕨	全株。过量误食会导致腹泻、呕吐
文珠兰（文殊兰）	全株。大量误食将引起神经系统麻痹甚至死亡
孤挺花（朱顶红）	鳞茎。误食会引起呕吐、昏睡、腹泻
沙漠玫瑰	全株，乳汁毒性较强。误食茎叶或乳汁，会引起心跳加速、心律不齐等心脏疾病
长春花	全株。误食会导致细胞萎缩、白细胞减少、血小板减少、肌肉无力、四肢麻痹等
杜鹃类	全株，花、叶毒性较强。误食会产生恶心、呕吐、血压下降、呼吸抑制、昏迷及腹泻等症状
变叶木	液汁。误食其汁会引起腹痛、腹泻、呼吸抑制、昏迷等症状
虞美人	全草有毒，果实毒性较大。误食大量茎叶后易出现狂躁、昏睡、心跳加速、呼吸快慢不均等症状，重则死亡
螯蟹花	鳞茎。误食会导致呕吐、腹痛、腹泻、头痛
中国水仙	全草，鳞茎毒性最强。误食会导致呕吐、腹痛、头痛、腹泻、昏睡虚弱，严重时可致死
彩叶芋	叶和块茎。误食会导致嘴唇、口、喉有麻痹和灼痛感。
黛粉叶类	全株，茎毒性最强。汁液与皮肤接触，常引起发炎和奇痒，触及眼睛会导致红肿；误食茎部会造成口喉刺痛、声带麻痹、大量流泪，还有恶心、呕吐和腹泻等症状

植物名	危害
鸢尾	全株,尤其根茎及种子。误食过量会导致消化道及肝脏发炎、呕吐腹泻
海芋	块茎、佛焰苞、肉穗、花序。误食会导致喉部肿痛、嘴唇麻痹甚至昏迷
风信子	全株,尤其鳞茎。误食会引起胃部不适、抽筋、上吐下泻
龟背竹	茎叶及汁液。误食茎叶会造成喉咙疼痛;汁液入眼会有刺激性症状

猫咪误食这些居家用品要警惕!

猫咪在日常生活中可能会误食一些居家用品,这可能会对它们的健康造成严重的威胁。因此,宠物主人需要特别注意以下几种常见的物品,以确保猫咪的安全。

纸巾

纸巾是一种常见的居家用品,轻飘飘、易拉扯,猫咪可能会很喜欢玩卷筒纸巾,误食纸巾后可能会引发消化道阻塞。

绳类：毛线、塑料带、鞋带、发绳、头发

毛线、毛球对猫咪的吸引力很大，猫咪可能会在玩耍时一直吞咽绳子，导致消化道阻塞。家里有女主人的地板上，会有很多头发，猫咪有时会将头发当作玩具吃进去，但是头发一般来说可以通过排泄排出，只要不是大量头发，则无须太过紧张。

如果误食量少体积小的话一般情况下猫咪会自己排出来，主人可以注意观察便便中是否有猫吃下去的异物。但是如果误食的量大，很可能会影响到消化系统引发肠胃问题；如果误食的异物比较尖锐或者体积大的话，建议直接送医确定异物位置，再确定处理方案。

塑料袋、塑料纸

生活中有很多塑料袋、塑料包装，揉搓的时候和吃起来会发出"沙沙"的响声，猫咪会觉得很有趣，塑料无法消化吸收，也不易排出，因此需要格外注意。

猫砂

小猫有时候会把猫砂当成猫粮吃下去，猫砂通常含有化学成分，误食后可能会对猫咪的健康造成影响，因此应选择无毒、无味的猫砂。

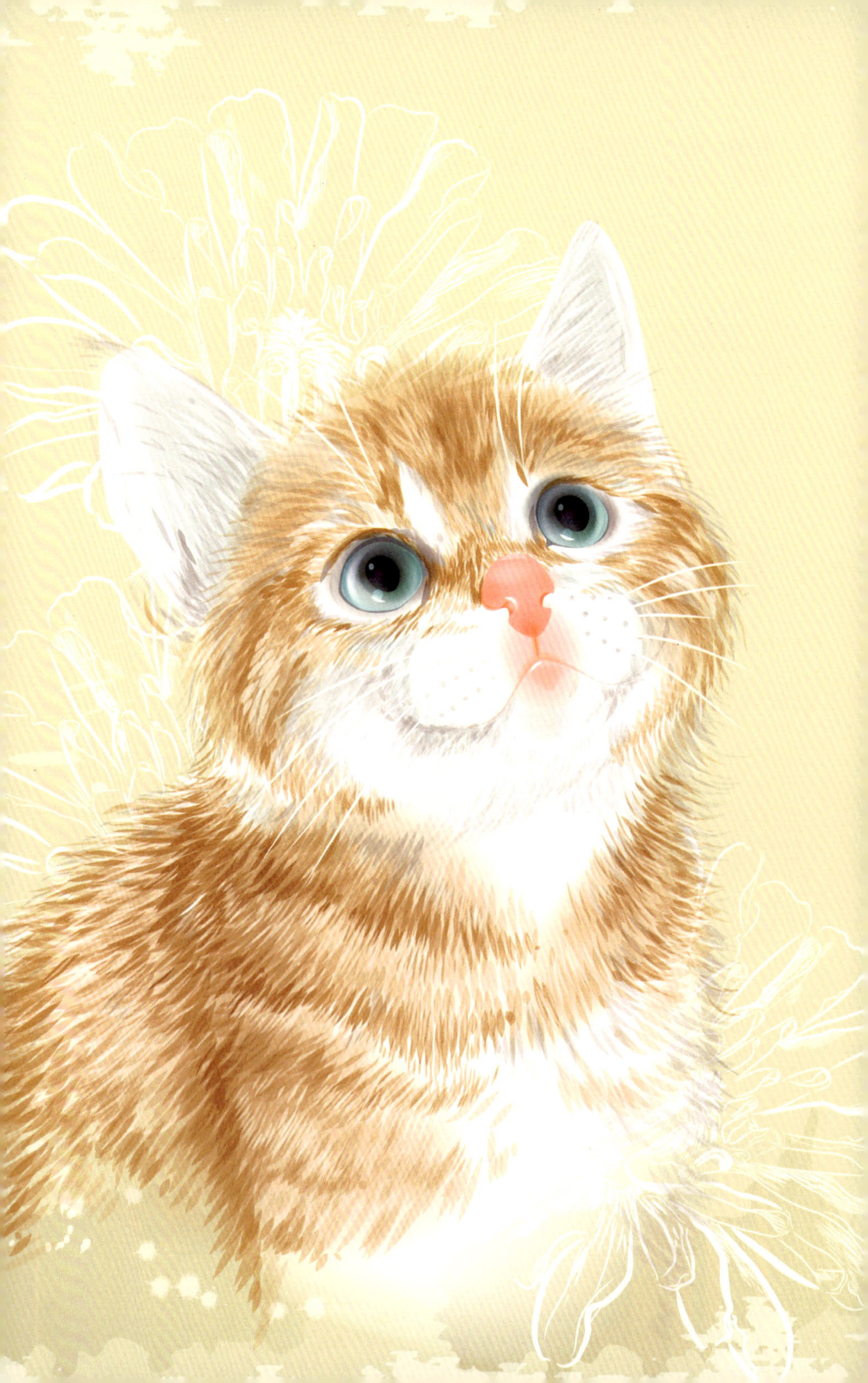

part **4**

保健指南：
如何养出少生病的健康小猫

猫事百科

疫苗篇：
每只猫咪都需要接种

每一种动物都有比较常见并且传染性高的疾病，疫苗是控制疾病感染的最佳手段，可让猫咪免除疾病所造成的病痛以及死亡。

猫咪接种疫苗的时间在12周左右，1岁前共打2次，2次间隔20天，以后每年打1次，就可以保护猫咪的健康，避免猫瘟热和其他疾病的侵害。

🐾 猫三联疫苗：可预防猫咪的三种重大传染病

猫瘟热：猫泛白细胞减少症（FPV） 猫瘟热属于唾液粪便传播，具有高度传染性，感染可能致命。没有出过门的猫也可能感染猫瘟热，因为如果主人在外面踩到病狗病猫的粪便，回家后粪便沾到地板上，猫咪的爪子也就会接触到病毒。猫瘟热症状为发高热，顽固性呕吐，腹泻，脱水，循环障碍及白细胞减少，有可能会导致死亡。幼猫最易感染。

猫鼻支：疱疹病毒感染（FHV） 又称鼻气管炎，是一种常见的上呼吸道疾病。在过于拥挤的猫舍或流浪动物救助中心中待过的猫很容易感染这种病。症状为打喷嚏、流口水、鼻腔有分泌物、发热、缺乏精力或嗜睡、眼睛有黏液排出、腹泻等症状，幼猫易感染。

part4 保健指南：如何养出少生病的健康小猫

猫杯状病毒：卡里西病毒感染（FCV）常见的呼吸道感染，发作时表现为发热、鼻炎、打喷嚏、口腔和眼鼻分泌物增多、结膜炎、角膜炎、腹泻等，但最典型的症状是口腔溃疡和大量流口水，幼猫可出现跛行。

Tips

🐾 目前国内的三联疫苗，只有"妙三多"拿到农业农村部颁发的进口批号，其他的品牌都没有获准进入国内市场，注射有风险。

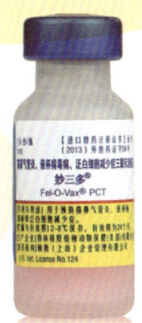

🐾 狂犬疫苗：预防狂犬病

对于刚进门的猫咪，建议去接种一次狂犬疫苗，排除风险。如果猫咪放养、经常外出，或者能接触到其他动物，建议每1~3年补种一次狂犬疫苗。如果猫咪基本不出门，也不接触其他动物，可以不接种。

感染狂犬病可能出现的症状为异食、发热、癫痫、瘫痪、恐水（不喝水）、吞咽困难、异常攻击性、过度兴奋、易怒、过度流口水，有些猫也会出现异常害羞、安静、躲藏的行为。

非核心疫苗：

- 猫白血病疫苗
- 猫免疫缺陷病毒疫苗（FIV）
- 支气管炎博德特菌疫苗
- 猫披衣菌疫苗
- 猫传染性腹膜炎疫苗

目前不存在资料、案例可以证明非核心疫苗的效果，而且这些疫苗在国内也基本属于未发行状态。基本是无效疫苗或虚假疫苗，都属于"智商税"，不用打。如果你所去的宠物医院建议你打这类非核心疫苗，可以换一家了。

猫注射部位肉瘤（FISS）

大部分疫苗的注射部位在猫咪的后颈部，也就是皮下注射。皮下注射的部位可能会有轻微肿胀，但一般会随时间慢慢吸收消散。如果该肿块在疫苗接种三个月后仍存在或肿块大于2cm，或是接种一个月后肿块体积变大，建议及时去医院进行活检。

这种疫苗引起的肉瘤是恶性肿瘤，多为纤维组织瘤，手术切除是必要的处理方式。有研究认为，狂犬病疫苗和猫白血病疫苗是造成这种肿瘤的罪魁祸首之一。

为了减少肿瘤的发生以及最大限度地减小伤害，美国猫科医生协会（AAFP）和世界小动物兽医协会建议：

- 最好接种不含佐剂的疫苗
- 减少不必要的疫苗注射，以及不过于频繁注射疫苗
- 高风险疫苗必须皮下注射
- 避免注射于肩胛间，最好注射在肢体远端
- 若无法接种在四肢，腹部外侧的皮肤亦可
- 疫苗接种位置每次更换
- 一旦发现肿瘤，建议手术切除

随着FISS知识的普及，现在很多医院会进行肌肉注射，也就是在猫咪后腿肌肉发达处注射。但是肌肉注射的痛感比皮下注射强很多。

基于上述信息，世界小动物兽医协会建议在肢体远端接种。因为一旦产生肉瘤，这些位置更容易手术切除，简单来说，打在脖子上如果产生肉瘤，不能把脖子切除，在四肢产生肿瘤可以截肢。但FISS的发病率非常低，大家也无须过于紧张。

- 猫瘟热病毒、猫疱疹病毒1型和猫杯状病毒疫苗：右前肢下部
- 狂犬疫苗：右后肢下部

接种疫苗的不良反应

接种疫苗一般来说是非常安全的。猫咪在接种疫苗后，有可能会出现嗜睡、发热、食欲不振等现象，一般不会超过2天，如果超过2天还有症状，需要立即送医检查。

有极少数猫咪在接种疫苗后会出现严重的变态反应，比如呕吐、腹泻、呼吸困难、脸部或局部皮肤肿胀瘙痒等，出现这些现象时，需要立即送医进行脱敏治疗。一般在宠物医院接种疫苗之后，猫咪需要在医院观察20分钟，没有异常状况方可离开。

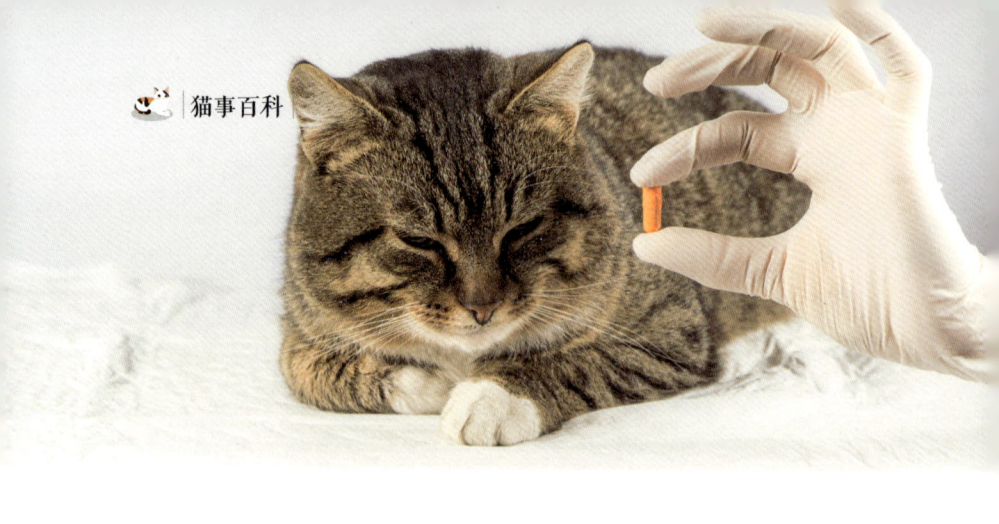

驱虫篇：
勤驱虫防止寄生虫感染

不出门需要驱虫吗？

有很多人觉得自己的猫咪完全是家养的，又不出门，没必要驱虫，这是错误的。首先，寄生虫有可能附着在主人的鞋底、衣服或者其他传染介质上被带回家。其次，家里也不是完全安全的，外面飞进来的昆虫，虫鼠蚁蟑螂，猫喜欢玩蟑螂老鼠，看到就抓，吃进肚子里，吞食的猎物可能携带有非常多的沙门氏菌和蛔虫卵，它们可能在猫的消化道内繁殖，其中弓形虫还会经粪便传染。

定期为猫驱虫对保障猫咪健康至关重要，给猫驱虫包括两个方面，一是体内驱虫，二是体外驱虫。

- 体内驱虫直接服用即可，每3个月一次，具体视情况而定。
- 体外驱虫是把驱虫药点在猫咪的脖子后面，之后2日内不要洗澡，防止药性流失。每个月1次，不出门的猫咪可以适当降低频率。

part4 保健指南：如何养出少生病的健康小猫

操作方法

1) 把猫咪脖子的被毛梳开，露出毛下的皮肤。

2) 把驱虫液涂抹在皮肤上，尽量不要挤在毛发上。

3) 如果担心猫咪舔舐，最好戴上伊丽莎白圈。

不驱虫可能导致的疾病

外寄生虫引起的皮肤病

除外寄生虫叮咬造成的伤口外,主要是因过敏发痒所引起的二次性细菌(病毒)感染,也可能传染其他疾病,如跳蚤可作为绦虫的媒介。

治疗上以消除外寄生虫为主要目标,并且配合对症治疗,控制二次性细菌性感染,即可止痒。

> **防治方法:**
>
> 除了驱虫,还要增加猫咪抵抗力,喂食一些鱼油、蛋黄等,防止皮肤感染。

猫蛔虫病

猫蛔虫病是由猫弓首蛔虫和狮弓首蛔虫寄生于猫的小肠内所引起的以腹泻、消瘦为特征的一种线虫病。幼虫移行时可以引起腹膜炎、寄生虫性肺炎、肝脏损伤以及脑脊髓炎等症状。成虫寄生于小肠内,可以夺取营养,对肠道的机械性刺激很强,会引起肠出血、消化功能紊乱、呕吐腹泻、身体消瘦和发育缓慢等症状。当蛔虫寄生过多时,可能引起肠阻。蛔虫可分泌出多种毒素,会引起神经症状和变态反应。

> **防治方法:**
>
> 搞好环境、猫体、食具、食物的清洁卫生,及时清除粪便,保持猫舍清洁干燥。尽量让猫咪在室内生活,减少与携带蛔虫幼虫的野生生物接触的机会。

猫弓形虫病

这是一种由弓形虫寄生于猫的细胞内所引起的以原虫病猫作为中间宿主感染的病,人畜共患。其症状分为急性和慢性两种。急性症状:精神差、厌食、嗜睡、呼吸困难等,病猫伴有发热、体温常在40℃以上,有时还会出现呕吐和腹泻,孕猫可能发生死胎和流产。慢性症状:消瘦、贫血、食欲不振,有时出现神经症状,孕猫也可能发生流产和死胎。猫若作为终末宿主感染时症状较轻,表现为轻度腹泻。

防治方法:

保持猫窝的清洁卫生,需要定期消毒。及时处理猫的粪便,清理猫流产的胎儿以及排泄物,并且对流产的现场进行严格消毒处理,以防污染环境。

猫钩虫病

猫钩虫病是由狭头钩虫寄生于猫的小肠内引起的一种寄生虫病,会使猫食欲大减,时而呕吐,有消瘦、贫血、消化障碍、下痢和便秘等症状交替发生。粪便带血或呈黑油状,严重时可导致猫昏迷和死亡。

防治方法:

保持猫窝的清洁卫生,及时清理粪便,用消毒药水经常喷洒猫活动的场所,以杀灭幼虫,并对猫进行定期驱虫。

猫疥螨病

猫疥螨病主要是由猫背肛螨虫寄生于猫的皮内而引起的寄生虫病。本病主要发生在猫的耳、脸部、眼睑和颈部等部位。患病的地方会剧烈发痒、脱毛，皮肤发红，有疹状小结，表面有黄色皮，严重时皮肤增厚、龟裂，有时病变部位继发细菌感染而化脓。

防治方法：

保证猫的身体、居住场所及一切用具的清洁卫生；经常给猫梳理被毛，以增强幼猫体质和提高抵抗力。若发现被毛脱落和有鳞片样结痂时，应该及时送宠物医院诊疗。

猫蚤病

猫蚤病是由猫栉头蚤寄生于猫体表所引起的一种外寄生虫病。这种蚤也寄生于狗和人，会叮咬、吸血，同时分泌毒素，影响血凝，造成皮肤奇痒，使病猫烦躁不安。

防治方法：

经常给猫窝消毒，猫窝内的垫子需要保持干爽，要经常为猫梳理被毛，保持被毛的卫生，防止猫蚤寄生。

猫虱病

猫虱病是由猫毛虱寄生于猫的皮肤所引起的一种外寄生虫病。此病会有皮肤发炎、脱毛等症状，猫会因发痒而烦躁不安。

防治方法：

平日多替猫的身体和活动的范围进行清洁、消毒，平常在帮猫洗澡、梳毛时，应该留意被毛间有无虱或者虱卵，发现虱或者虱卵时需要尽早清除。

就诊篇：
医院和体检知识

🐾 体检知识全知道

常规体检项目

1 体格检查

包括精神状态、黏膜颜色、CRT、眼部检查、耳部检查、口腔检查、鼻腔检查、外周淋巴结、皮肤被毛、心肺听诊、肌肉和骨骼检查、肛门检查、神经系统、体温。有经验的医生通常可以在体格检查中发现隐患问题，如淋巴结肿大、牙龈炎、皮肤病灶、是否有心杂音等。

2 血常规检查

血常规检查是常规体检中常见的一项，检查的项目包括白细胞、红细胞、血小板，可以判定机体是否存在感染、脱水、凝血不良等情况。检查猫咪是否存在贫血问题，以红、白细胞的各项指标作为判断寄生虫、免疫缺陷、呼吸道或者消化道感染等疾病的依据。

3 血液生化检查

常规体检中建议筛查的项目，可评估血清中的多种生化成分，从而能检查多种脏器的功能和大致的营养、免疫、内分泌情况。

4 总甲状腺T_4检查

甲亢是一种猫咪发病率极高的疾病，尤其是老猫，症状可表现为极其兴奋，大量掉毛，狂吃狂喝狂尿尿，还可能有高血压及心脏问题。

5 影像学检查

- 全腹部超声检查：可以检查膀胱、肾脏、肝脏、胆囊、脾脏、胰腺等腹腔脏器的形态、大小是否正常，判断是否存在异常增生、衰竭、结石等情况。
- X光：可以看出骨头、腹腔和胸腔的明显病变，排查骨骼、关节疾病、肿瘤、结石及组织异常等情况。如果猫咪出现步态异常或是折耳猫等有天生骨科疾病的品种建议进行检查。
- 心脏超声/脑利尿钠肽：心脏超声能够确诊猫咪是否患有心脏病，并且能够确诊患的是何种心脏病；脑利尿钠肽是在没有条件做心脏超声时的快速筛查，用于猫心肌病初筛。
- CT/MRI：CT/MRI受限于费用，检查需要镇静、麻醉等问题一般不纳入常规体检项目中，但当X线片中发现了病变需进一步确诊，或者出现神经系统方面的异常时，则需要更进一步做CT/MRI等高阶影像学检查。

6 粪便检查

用于判断肠道菌群活力，是否存在寄生虫感染，是否存在异常菌落增殖，消化力如何等。

7 尿液检查

包括尿比重、尿液试纸、尿沉渣，因为猫高发泌尿道疾病，建议猫咪每年进行检查。尿液检查可以及早发现猫咪慢性肾病、尿路感染、糖尿病等疾病。

8 病毒检查

主要检查猫瘟热病毒、猫白血病病毒。未完成疫苗接种的幼猫、有流浪生活史的猫咪，都建议进行病毒检查。

part4 保健指南：如何养出少生病的健康小猫

9 对称性二甲基精氨酸（SDMA)检查

一种能够反映肾脏功能的指标，可作为肾脏功能衰竭早期诊断的辅助手段，如果有条件建议作为体检的增项，进行组合判定，如发现低比重尿，超声中发现肾脏血流情况不佳，生化中肌酐、尿素氮出现异常等。

10 尿蛋白-肌酐比值(UPC)检查

UPC指的是尿液中蛋白质与肌酐的比值，可以帮助发现年龄偏大及肾病高危品种的犬猫的早期肾病，检测早期的肾衰竭，评估肾病的治疗效果。

11 血压检查

是一种重要的临床生理指标，可以结合其他指标判定是否存在心脏损害、脑部损害、肾脏损害等靶器官损害，老猫建议进行。

---------------------- 体检频次 ----------------------

- 幼猫：到家前务必进行系统体检，尤其注意进行抗体检查和病毒检查，确认健康状况。

- 成猫：若平时身体健康、精神状态良好、吃喝拉撒正常，可以1~2年进行一次全面体检，重点筛查一些必需的体检项目。

- 老猫：7岁以上的老猫，机体慢慢退化，建议每年进行1~2次体检。

猫事百科

宠物医院和医生的选择

和人类一样，大家看病时都想找到态度良好、指导明确、医术优良的医院，在"猫界"，这种医院称为"猫友好"医院。

由美国猫科医师协会（AAFP）和国际猫科医学协会（ISFM）共同制订的"The Cat Friendly Practice"（以下简称"CFP"）计划，倡导兽医诊所减轻猫的压力，为生病的猫及其主人带来更好的就诊体验。

合格的医院可以在院内标上"猫友好诊所"的标识，"猫友好"认证目前主要集中于外国，我国暂时没有这项标识，但是我们可以通过CFP的认证标准，来审查这家医院是否接近"猫友好诊所"的标准。

1 距离

对于容易应激的猫咪来说，最好选择离家距离近的猫友好诊所，减少从家到医院的路途和时间。

2 预约

- 医院最好能提供预约服务，减少等待时间。
- 在预约时，询问猫咪的具体问题，并预约对症医生，或提前告知猫咪可能的病症情况，安抚主人情绪。如院内医生及设备不支持病例，与医生积极沟通，以解决问题为导向，做好转诊。

part4 保健指南：如何养出少生病的健康小猫

3 关键——"猫狗分离"

医院等待区最好明显分为"猫-狗"两个区域，通过家具和导诊分流分隔开来。猫咪对比自己体型大的生物带有天然的戒备，在医院这种陌生的地方更容易紧张。

4 等待区环境

- 是否有明显的噪声？环境中是否有明显的气味、垃圾等也是需要注意的地方。
- 猫咪在高处更有安全感，医院是否提供了桌子、架子或者凳子，能让猫咪待在高处观察。

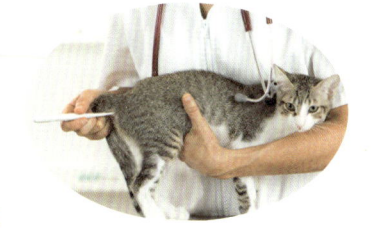

5 诊室

是否能提供专用、干净的诊室，对诊室进行消毒，检查猫咪情况时，是否铺上尿垫、消毒垫。

6 医生

- 医生是否能识别猫咪的焦虑、疼痛，并调整自己的动作，缓解猫咪的紧张感，而不是强迫猫咪配合看诊。
- 用毛巾包住猫咪时，是从什么方向包住，是从后罩着，还是迎面盖住？
- 医生对待猫咪的态度是否温和，是不是个爱护小动物的人？
- 是否一个普通疾病就开上千元的提高免疫力的保健药品，或声称这个病"终身无法治愈"？

7 住院部

- 住院笼是否够大，能够让猫咪隐藏，住院时不会和其他猫咪看到彼此。
- 猫砂盆、食物、水是否能分开？
- 猫狗的住院处是否分开？
- 住院笼中是否有柔软的床上物品，给猫咪安全感。
- 能否给猫咪提供一个较高的平台，让猫咪在住院笼里待在高处。

|猫事百科|

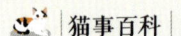

❶ 不同年龄猫咪体检项目建议

1岁以下猫咪

一岁以下的猫咪需要定期打疫苗,且免疫力较差,可能会有一些奶癣、呼吸道感染等疾病,因此进入宠物医院的次数较多。

体格检查	√(猫咪的年龄、品种、体重、五官状况以及日常饮食情况)
血常规	√
抗体检测	√(完成疫苗1~3周后要进行抗体检测)
病毒检查	√
粪便检查	√
X光检查	√(针对折耳猫等特殊品种)

猫咪绝育手术体检

类别	预算不足	预算充足	老猫
体格检查	√	√	√
血常规	√	√	√
生化检查		√	√
凝血功能		√	√
X线片		√	√
心脏超声/脑利尿钠肽	√	√	√

part4 保健指南：如何养出少生病的健康小猫

1~6 岁猫咪

检查项目	建议	说明
体格检查	√	重点检查牙齿、淋巴结、腹部，成猫或多或少都有牙周疾病
血常规检查	√	
生化检查	√	
尿液检查	√	
粪便检查	√	
全腹部超声	±	肠胃敏感、体重轻、毛发质量差的猫咪建议做
心脏超声	±	从来没有做过心脏超声、不爱运动的肥胖猫咪建议做
X 光	±	不爱运动的肥胖猫咪建议做
总甲状腺 T_4	±	对称性脱毛、消瘦、厌食猫咪建议做
SDMA 检查	±	不爱喝水，排尿量少的猫咪建议做
UPC 检查	±	
血压检查	±	

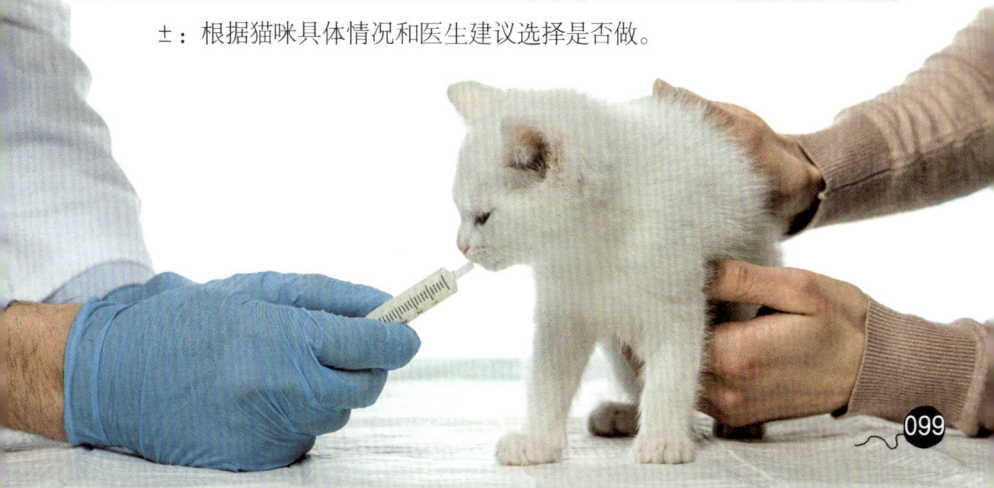

±：根据猫咪具体情况和医生建议选择是否做。

7岁以上猫咪

检查项目		说明
体格检查	√	重点检查淋巴、关节
血常规	√	
生化检查	√	
尿液检查	√	不爱喝水的猫咪重点检查
粪便检查	√	体内驱虫不定时的猫咪重点检查
全腹部超声	√	
心脏超声	√	
X光	√	
抗体检测	√	老猫如果没有进行疫苗加强针补打,需要进行抗体检测
血压检查	√	
总甲状腺 T_4	√	老猫高发疾病甲亢,可以从此筛查出
SDMA 检查	√	
UPC 检查	√	

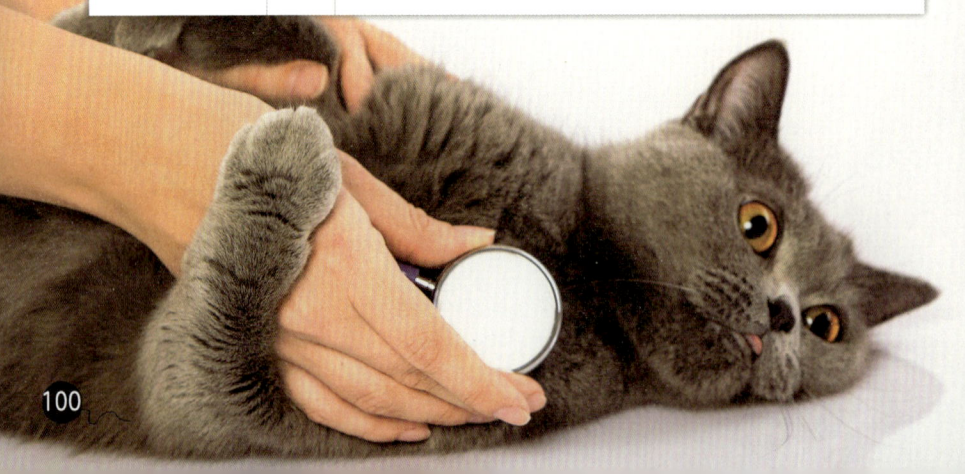

part4 保健指南：如何养出少生病的健康小猫

疾病篇：
猫咪常见病防治指南

🐾 猫咪生病的异常信号

流鼻水

若猫咪频繁有鼻水流出需要引起注意。

清澈的鼻水： 可能是鼻子过敏，或者是猫咪上呼吸道感染的初期，观察是否频繁打喷嚏、流眼泪，如果有，则需要尽快带去医院。

黄绿色的鼻脓液： 表示已经转变成炎症，严重的话，甚至还会带有血的鼻脓分泌物。这个时候若没有治疗，就会进一步造成猫咪鼻塞，影响到它们的嗅觉，且造成食欲下降，体力也跟着变差。

眼部分泌物

猫咪和人一样，偶尔有一些黑色的干眼屎附着在眼角上，只要轻轻一擦就能擦干净。

如果眼眶周围发红，伴有过多眼泪分泌，眼睛睁不开，一直用脚擦眼睛，可能是炎症，这些动作可能会让眼睛的状况变得更加糟糕。

当发现猫咪的眼睛有分泌物，眼睛睁不开时，先用蘸湿的棉签把眼睛周围擦干净，保持眼部的清洁，并尽快带到宠物医院进行检查。

打喷嚏、咳嗽

有些猫咪喝水时，若水不小心进到鼻子里，或者是当它们闻到比较刺鼻的气味时，这些情况都刺激鼻黏膜引发打喷嚏。

有时猫咪吃得太快，会因为呛到而出现咳嗽症状，若只是短暂地、一次性发生，可先观察，不需太过担心。夏天冷气刚开时，冷空气刺激猫咪的气管，也可能造成猫咪突发性的咳嗽。

如果一直打喷嚏，并伴有流鼻涕、流眼泪，就需要立刻带去医院检查。

当猫咪气管发炎、肺部发炎或者是心丝虫感染时，猫咪会发出"喀喀"声，类似人的哮喘，需要尽快带去医院检查。

排便

猫咪由于喝水量不多，并且直肠会进一步把粪便中的水分吸收掉，使得粪便较硬、较短，就像羊粪那样一粒粒的，因此要经常给猫咪补水。也有些猫咪的粪便是呈条状的，偶有断开，硬但有一定弹性和湿度，是正常健康的。粪便呈现细长软状态或是有些拉稀，可能是饮食改变，一般1～3天就会恢复正常。

排便状况是猫咪健康的指标，每天观察其颜色、形状、性质，便可判断猫咪是不是生病。特别是严重的水痢便、血便以及呕吐时，会造成猫咪严重脱水，精神食欲变差，可能是急性肠胃炎、猫瘟热感染、癌症等，严重时可能会危及猫咪生命。因此，建议及时带到宠物医院做检查。

part4 保健指南：如何养出少生病的健康小猫

粪便颜色

正常：咖啡色、棕色、黄褐色、浅米色、绿咖色

不正常：红色、灰白色、黄白色、绿色、黑色

粪便形状

正常：条状、羊粪状

不正常：软塌形、水样形、黏稠糊状、便中带血、黑色柏油状、果冻状黏液。

呕吐物

呕吐物为未消化的食物

有时候会由于吃得太急或者太多，猫咪吃完饭后没多久就呕吐，吐完之后依旧活蹦乱跳，精神上没有出现什么异常，这种情况下不用过于担心。

呕吐物是毛团，形状呈条状

猫咪经常会因为理毛时舔入过多的毛，导致毛球症进而引发呕吐，日常要注意定期给猫咪喂食猫草、南瓜纤维等食品帮助排毛球。

吐出带泡沫的黄水、胃液

可能是空腹的时间太久了，胃酸分泌过多导致的；也有可能是换粮猫咪还没有适应。先不要给猫咪吃东西，少食多餐，或者喝一些液体，再给干粮。

呕吐物中有虫体

说明体内有寄生虫，需要驱虫，也最好去医院检查一下。

呕吐物是橡皮筋、线团、塑料袋、胶体等

如果精神状态正常，则无须担心，但是要留意，不要把一些易吞食不能消化的绳状物、塑料、纸皮等物品放在猫咪能接触到的地方。如果不放心，建议去医院做一个B超检查。

猫事百科

呕吐物带有血丝

情况严重，可能是误吞尖锐物体划伤食管，抑或是胃酸反流灼伤食管，也有可能是胃炎，需要尽快去医院就诊。

另外，如果家中的猫咪呕吐，一定要记录猫咪呕吐频率、呕吐的声音，拍下呕吐物的照片或录制猫咪呕吐的视频，给医生诊断提供更确切的依据。

流口水和口臭

正常情况下，唾液是自然流入食管内，但是当口腔发生问题时，唾液没有办法正常流入食管，就容易从嘴巴流出。不过，有些猫咪在紧张或是吃到不喜欢味道的东西时，也会一直流口水。

此外，猫咪的口腔内，无论是牙龈、口腔黏膜或者舌头，若有发炎现象时，都会从它的嘴巴里发出臭味。此外，体内的器官发生病变时，也有可能出现口臭症状。

过度流口水：牙龈炎、口腔发炎、牙周病、舌头溃疡、中毒、肾脏疾病造成的口腔溃疡等。

口臭：口腔发炎、牙龈炎、肾脏疾病等。

喝水异常

大部分的猫咪都是不爱喝水的，如果平时喂的是罐头，喝水次数会更少。

一旦发现每天水碗水量明显减少，或是猫咪蹲在水碗前的时间变长时，就需注意猫咪是不是有泌尿疾病。除喝水量增加外，也会增加排尿量。清理猫砂的量，可判断猫咪的尿量是否有增加。

呼吸异常

猫咪正常呼吸速率为每分钟20～40次,超过50次,就要引起重视。

夏天炎热时,猫咪可能因为热而呼吸加快,甚至张口呼吸;或是因为剧烈运动,上蹿下跳导致呼吸急促。这时候给猫咪开空调、开风扇降温,让猫咪平静下来再观察,如果呼吸异常情况消失则无须担心。

如果猫咪频繁出现呼吸加速、呼吸变得用力等症状(严重时可见腹式呼吸,猫咪的腹腔和胸腔呈波浪状起伏),难受的猫咪甚至会张开口腔进行呼吸,这种情况就必须引起重视了,可与医生讨论是否需要就诊。

进食异常

食欲不振或者不吃,在很多疾病中都会发生,猫咪只要生病,都会变得不想吃饭。

有些疾病反而会让猫咪吃得非常多,比如糖尿病、甲状腺功能亢进、营养吸收不良、肠癌或炎症性肠病等。

在正常提供食物以及正常运动的情况下,猫咪每日的进食量大都是固定的,若发现猫咪突然一直做讨食的动作,或者是一直处于饥饿的状态下时,就一定要引起注意。

舔毛异常

正常的猫咪,一天之中会花很多的时间理毛,如吃完饭、上完厕所、被不喜欢的人摸了之后,都会有舔毛行为。

如果猫咪一直在舔毛,还会有轻微拔毛的症状,可能是猫咪焦虑、不安。此外,疼痛、受伤或者有痒感时,也有可能过度舔毛。

如果猫咪不舔毛,也不正常,可能是过度肥胖,舔不到毛;或者是有牙齿、牙周疾病,口腔受伤,也会停止梳毛;老猫得了关节炎感到疼痛也可能会停止梳毛。

猫事百科

频繁甩头

猫咪在正常情况下，只会偶尔地甩几次头。如果猫咪频繁甩头，可能是有异物跑到耳朵里，或者猫咪的耳朵有疾病，要引起注意。

可以翻开猫咪的耳朵检查，如果发现大量黑褐色的耳垢，可能是耳朵发炎或者耳疥虫感染。另外，耳朵内的出血，从外观是看不出来的，如果不治疗，可能会造成严重的中枢神经障碍，建议带到医院做详细的检查。

走路异常

当发现猫咪走路的样子与平常不同时，可先观察猫咪是哪一只脚有问题，用手机把猫咪走路的样子拍摄下来，给医生观察。

还要确认是不是有外伤，比如伤口、皮下淤血，或者指甲是否有断裂等。在检查或者触摸时，动作一定要轻，避免造成猫咪疼痛。如果猫咪极不情愿被触碰，就直接带到宠物医院进行检查。

非发情期叫声异常

喵喵叫是猫咪与人类交流的一种方式，如果猫咪生病了，它们的叫声可能会与平时不同。

如果一只平时安静的猫咪，突然频繁大声叫，可能意味着生病了；反之，如果一只平时喜欢叫的猫咪突然变得安静，也可能意味着它生病了。

长时间躲起来

猫躲起来是为了保证自身安全，因为生病会使它们变得虚弱，并容易被攻击。

如果猫咪长时间躲藏起来，可能是有疾病，也可能意味着猫咪受伤或感到压力、焦虑、恐惧，建议尽快带猫咪去检查一下。

屁股频繁摩擦地面

猫咪用屁股在地上蹭来蹭去，还经常舔舐，可能肛门附近有问题，比如肛门囊炎、腹泻、寄生虫导致的瘙痒，打架造成的外伤等。

猫咪常见疾病

---------- 皮肤疾病 ----------

跳蚤过敏性皮炎

是由跳蚤叮咬引起的一种皮肤病。这种病症通常在春季和夏季出现，冬季很少发生。

症状：

- 被毛较少的腹股沟、腋下等部位皮肤发红。
- 不久后猫咪的背上就会出现红斑状的丘疹和紫褐色的血痂，甚至出现局部脱毛的情况。因为剧烈瘙痒，猫咪会经常抓挠咬感染部位，加重皮肤的损伤，甚至会导致二次感染。

猫癣

猫癣主要由犬小孢子菌感染猫的皮肤而引起。真菌具有传染性，在猫和猫、猫和人，以及人和人之间都可能相互传染。

症状：

- 患有猫癣的猫咪抓挠皮肤时很容易导致皮肤破损、出血。
- 被毛局部大量脱落、皮肤发黑、呈鳞屑状。

为了避免猫咪患上这些常见的皮肤病，需要注意为猫咪提供干净卫生的生活环境，定期驱虫，经常进行环境消杀。让猫咪多晒太阳杀菌，也可以减少猫咪患上皮肤病的概率。

猫事百科

牙周炎

猫牙周炎,又叫牙周病,是猫咪常见的一种口腔疾病。

症状:

- 口臭,大量流口水。
- 不敢吃硬质食物,咀嚼困难。
- 牙齿上有牙结石。
- 牙根红肿,用镊子、棉签等碰触时会感觉牙齿有松动,猫咪会因为疼痛拒绝触碰。

原因:

- 平时不注意口腔卫生,导致牙结石长期刺激牙龈,食物积存在牙缝或牙齿脱落后的牙槽中造成感染。
- 饲养不当,导致猫咪体内长期缺少某些微量元素和维生素。
- 某些疾病,比如糖尿病、肾病等也可能引起牙周炎。

预防:

牙周炎可以控制,但是很难治愈。因此,平时要注意猫咪的口腔卫生,每天帮助猫咪清洁牙齿,避免食物和残渣沉积。让猫咪多咬骨头或者硬的玩具,可以有效锻炼牙龈和牙齿。此外,还要注意给猫咪提供营养科学的膳食,避免因为饲养不当而患上牙周炎。

中耳炎

如果发现猫咪不停地抓挠自己的耳朵,甚至把耳朵挠出血,这可能是患上了中耳炎。通常是因为给猫咪清理耳朵不到位引发的,细菌感染、耳螨、真菌感染、外耳炎继发等也都可能导致中耳炎。

症状:

- 耳朵瘙痒,不停抓挠。
- 烦躁不安、食欲减退、身体消瘦、对外界刺激反应迟钝、不愿意活动、容易倦怠等。
- 一只或者两只耳朵内有黏液性或者脓性液体,还伴有严重的臭味。有的猫咪还会伴有呕吐、腹泻、便秘的症状。

预防:

平时要注意观察猫咪耳朵的状态,定期驱虫。一般情况下,猫咪能够自己清洁耳朵,干净的猫咪耳朵呈粉红色,没有耳垢、杂物或异味。如果发现猫咪的耳朵分泌物为绿色、黄色、黑色或者红色,那就说明出现了异常,应该及时带去宠物医院诊治。

猫事百科

肥厚型心肌病

猫咪肥厚型心肌病指猫咪左心室向心性肥大，心室肌增厚。导致出现心肌收缩力和松弛异常，使得心肌僵硬，腔室变小，泵血能力异常，影响正常的泵血能力，从而出现心衰的症状。

症状：

肥厚型心肌病一般早期无任何症状，一直发展到中期才会慢慢表现出呼吸急促、不爱运动、精神萎靡等症状，渐渐后肢缺血、无力，甚至瘫痪。发展到晚期，出现充血性心力衰竭、肺水肿，表现为呼吸困难和呼吸急促。一旦发生充血性心力衰竭，则意味着平均预期寿命仅剩6～18个月，药石难医。

预防：

因此，为了避免肥厚型心肌病，应该控制猫咪的体重，不能抱着"越胖越可爱"的心态。平均1～2年进行一次心脏超声等检查，能最大限度预防这种疾病。

猫哮喘

猫哮喘是猫咪呼吸道疾病中最常见的类型之一，是一种对环境中变应原的异常反应，可发生于各年龄段猫咪，发病高峰集中在2~8岁。

可能引起猫哮喘的变应原包括草、花粉、烟草烟雾、人类使用的喷雾剂（如香水、除臭剂、除蚤喷剂、发胶喷剂）、猫砂的灰尘、除蚤粉、干洗粉或某些食物成分。如果治疗不及时，病情恶化后，猫的呼吸会变得非常痛苦，皮肤和黏膜会发紫，甚至由于呼吸不畅而导致死亡。

症状：

大部分表现为咳嗽、打喷嚏、呼吸有喘鸣声、呼吸困难。

"母鸡蹲状"，把脖子伸长并紧贴地面，然后出现粗重的喘鸣音。

随着严重程度或变应原出现的频率，有的猫会一天内反复发作，有的则是数天发作一次，轻微的甚至数月至数年才发作一次。

预防：

尽量清除房间内的灰尘和粉末，少用喷雾剂；改变一下猫砂的种类，选择低尘猫砂；如果家里有人吸烟，最好为猫咪空置出一个无烟场所。

炎症性肠病（IBD）

炎症性肠病是一种原因不明、发病机制不明确的慢性胃肠道疾病。准确地来说，是一种综合征，胃肠道的内壁变厚，从而使猫难以吸收营养。

症状：

- 消化系统症状：长期腹泻、呕吐等。
- 食欲不振。
- 长期软便、便血。
- 频繁吐毛球。

预防：不要长期只喂同一种肉类、猫粮、猫罐头，要多元化饮食，摄入均衡的营养；细心观察呕吐、腹泻的病因，不能以为是吐毛球就不管；平时可以喂食一些益生菌，强化肠道功能。

猫犬脂肪肝综合征

猫犬脂肪肝综合征，是由于肝脏细胞中出现脂肪沉积，脂质代谢异常，导致肝功能障碍的一种疾病。

鉴于猫对日粮营养成分的高要求，推测猫脂肪肝可能是因缺乏某些营养素，如蛋氨酸、卡尼汀、牛磺酸等，导致肝脏无法正常利用和转运脂肪所致，发病因素与厌食、应激、肥胖有关。

症状：
- 厌食、精神不振一周以上。
- 皮肤以及可视黏膜发黄等黄疸症状。
- 体重急剧下降，脱水。
- 间断性呕吐，腹泻或便秘。
- 严重情况下可发展为肝性脑病，出现昏迷、流涎等症状。

预防：

如果发现猫咪不吃东西，要及时给它补充营养物质；保持理想体重，肥胖猫适度减肥；尽量让猫咪保持在安全、舒适的环境，不要经常刺激猫咪，使其产生应激反应。

糖尿病

糖尿病是猫咪体内胰岛素发生异常，从而引起糖分代谢障碍，使得猫咪体内的血糖值升高的一种疾病。猫和人一样，糖尿病分为Ⅰ型和Ⅱ型。其中Ⅰ型是因为胰腺先天无法产生足够的胰岛素，而Ⅱ型则是因为肥胖、饮食等原因致使身体胰岛素异常。

症状：

- 饮水量增加、尿液增多。
- 食欲大增，但是体重不变甚至降低。
- 如果疾病严重，还会导致没精神、呕吐等症状。

预防：

控制猫咪的体重，避免过多摄入碳水化合物，避免肥胖；注意遗传因素，对易患糖尿病的猫咪品种进行特别关注；为猫咪提供一个安静、稳定的生活环境，减少压力；定期体检，及时发现并治疗猫咪的胰腺炎等潜在疾病。

甲状腺功能亢进症

猫咪甲状腺功能亢进症是指由甲状腺生成和分泌的激素过多而引起的一种多系统性疾病。高发于8岁以上的猫咪。

症状：

- 甲状腺肿大。
- 大量饮水，大量排尿。
- 食欲旺盛，但是体重会减轻。
- 被毛异常，脱毛、不理毛、过度理毛。
- 呕吐、腹泻。
- 有一些猫会出现异于平常的攻击行为。

预防：

尽量避免长期喂食大型食肉的鱼类及其制品，比如金枪鱼、三文鱼等；尽量避免长期食用有争议的植物性原料，如大豆；尽量不要在室内使用除草剂、杀虫剂等农药产品。

慢性口炎

猫咪慢性口炎是一种定义不明、病因不明的常见疾病，发生慢性口炎的可能原因有慢性卡里西病毒、疱疹病毒、冠状病毒、猫艾滋病、猫白血病等。口炎前期无明显临床症状，大部分主人都是发现猫咪已经有流口水、想吃却因为疼痛没有办法进食，甚至会用前脚一直拍打嘴巴等症状时，才带到医院就诊。

症状：

- 轻微发炎：食欲正常，牙龈以及口腔黏膜红肿发炎。
- 中度发炎：食欲降低，比较喜欢吃软的食物，有口臭，唇边的毛黏附深褐色的分泌物。
- 严重发炎：食欲变差，甚至厌食，有严重的口臭以及流口水症状。猫咪甚至会因为口腔疼痛而咀嚼，或者是咀嚼时突然疼痛号叫。

预防：

慢性口炎一旦发生，后期很难完全治愈，预后不良。因此要早早做好预防，平时注意猫咪的口腔护理，养成刷牙的习惯，经常给猫咪一些咀嚼食物，帮助清理牙结石。

part4 保健指南：如何养出少生病的健康小猫

家庭常备猫咪用药

猫咪有可能接触到主人从外面带回来的细菌而生病，也会因为饮食不当引起一些常见的消化系统疾病，在家里备上猫咪专属小药箱十分有必要。猫咪的自我恢复能力很强，只要主人稍加护理，便能很快恢复健康。

01 碘伏

适用症状：一般做外伤的消毒杀菌。

Tips：禁用酒精或含酒精消毒物品，以免对猫咪皮肤造成刺激。

02 红霉素软膏/眼膏

适用症状：眼泪多、眼屎多、眼部瘙痒、眼睛发炎等症状。

使用方法：先用生理盐水清理眼部分泌物，将眼药水或眼膏滴至猫咪内眼角。

Tips：禁用含有类固醇的眼药水和眼药膏。

03 洗耳液

适用症状：猫咪耳部出现黑色耳垢，耳部瘙痒。

使用方法：将洗耳液对准猫咪耳道滴3~5滴，轻轻按摩猫咪耳朵外部，猫咪甩头后用柔软的纸巾将外耳郭擦干净即可。

Tips：当猫咪产生耳螨时，可以搭配外用抗寄生虫药，一般为大宠爱或者爱沃克。

04 猫癣用药：皮特芬、复方酮康唑

适用症状：猫咪皮肤瘙痒、掉毛、溃烂等症状。

使用方法：在猫咪患处喷涂，早晚各一次。

Tips：猫咪需戴上伊丽莎白圈，另外还需进行环境消毒。

05 "黑下巴"用药：莫匹罗星、夫西地酸

适用症状：猫咪下巴变黑、产生黑头粉刺、毛囊角化等症状。

使用方法：可以用"洗必泰"、生理盐水为猫咪清洗下巴，用热毛巾为猫咪热敷，然后再用莫匹罗星软膏、夫西地酸软膏等局部抗生素药品涂抹患处。

06 益生菌

适用症状：通过调节猫咪消化道菌群，辅助治疗猫咪软便、拉稀、食欲不振等症状。

用法用量：按照包装提示，给予相应益生菌。

07 蒙脱石散

适用症状：缓解猫咪腹泻、水便。

用法用量：按照猫咪体重，每1千克体重用1克蒙脱石散。

Tips：过量的蒙脱石散可能会导致猫咪便秘，蒙脱石散只能缓解症状，不能根治疾病。

08 乳果糖

适用症状：润滑肠道，帮助猫咪排便，缓解猫咪腹泻、水便。

用法用量：按照猫咪的体重，每1千克体重用1毫升喂食。

Tips：在平时生活中，增加猫咪的日常水分摄入，才是预防猫咪便秘最根本的做法。

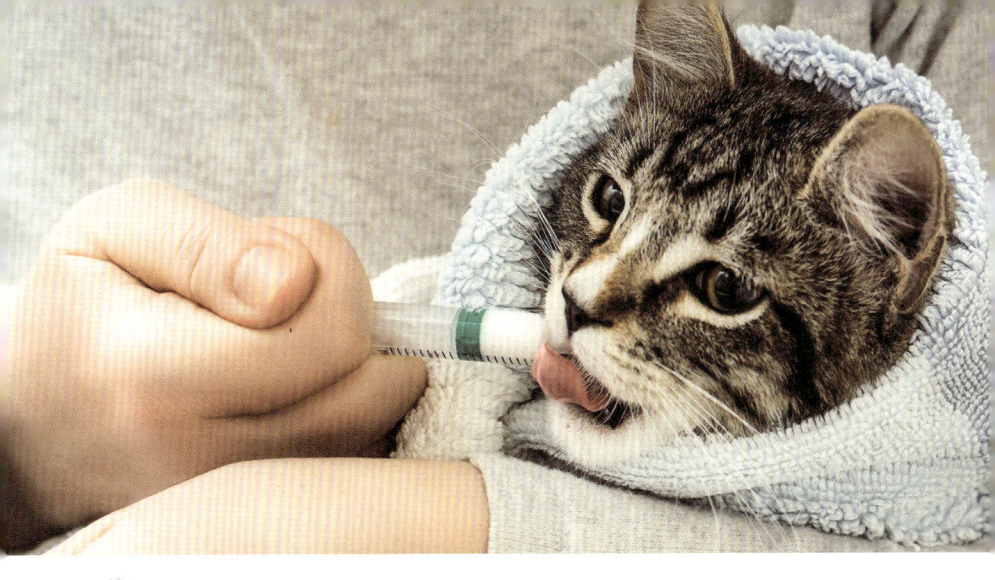

🐾 猫咪喂药小技巧

第一次喂药很重要

如果第一次给猫咪喂药,就喂很难吃、很难闻的药品,还强迫它吃下,让猫咪产生严重的排斥,以后都很难再给它顺利地喂药了,有的猫咪甚至看到喂药用的工具就开始反抗。

想要今后的喂药变得顺利,第一次喂药的记忆是很重要的。无论是哪种药物,最好的方法就是用猫零食转移猫的注意力,安抚它的情绪。

需要自己在家中给猫咪用药的情况主要有三种:	
1	给猫咪喂食内服药,驱虫药也涉及这方面
2	给猫咪上眼部药物,涂软膏、滴眼药水等
3	给猫咪的耳朵处滴耳液,这一技巧在清洁耳朵部分有详细方法

内服药喂药小技巧

可以用注射器针管喂食。猫咪对药物的味道非常敏感,对自己不熟悉或口感很差的药物会非常反感。

方法一 混进猫条、猫罐头等湿粮里,让猫咪不知不觉把药吃下。

猫事百科

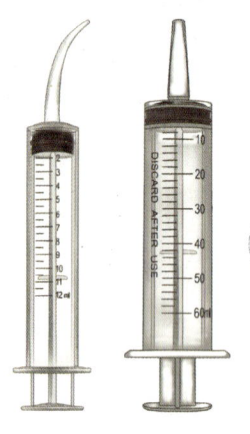

方法二

① 准备一支没有针头的注射器针管（弯头的最好用），将药物溶解在水中，并吸入针管。

② 将猫咪抱在怀中或让它蹲坐在桌子上，用手挠挠猫咪的面部，使其嘴巴向斜上方翘起。

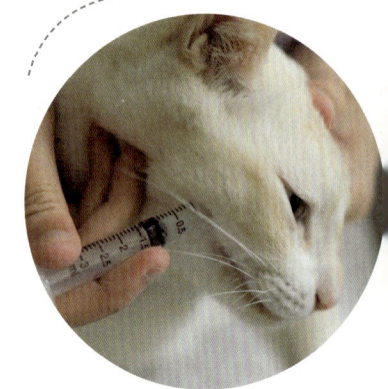

③ 将针管伸入猫咪口中犬齿附近，然后将药液推入猫咪的口中。

④ 注意，推入药液的速度不宜过快，以免呛到猫咪或流出猫咪口外。

⑤ 然后立刻塞一点儿小零食给它，转移注意力，安抚情绪。

方法三

如果医生给猫咪开的处方药不方便溶解或药物溶解后特别苦，猫咪就会非常抗拒，这时候可以使用喂药器给猫咪喂药。

① 把药片夹在或放在喂药器顶端，再准备一支没有针头的注射器针管（弯头的最好用），吸入一点水到针管中。

② 用手掌握住猫咪的面部，使猫咪的嘴巴向斜上方翘起。

③ 当猫咪张开嘴时，将喂药器插入猫咪的嘴里，将药片送入猫咪舌根部。

④ 然后将猫咪的嘴合上，用注射针管在猫咪犬齿后方的缝隙中注入一些水，防止药片黏在喉咙上。

⑤ 抚摸猫咪的颈部和喉咙，帮助猫咪将药片咽下。

点眼药、滴眼药水的方法

当猫咪患有眼科疾病时,医生可能会开一些眼部外用的药物。

1. 上眼药时,先将猫咪抱在怀中,微微抬起它的头。
2. 用手掌固定猫咪的头部,轻轻扒开猫咪的眼睑,将眼药水或眼药膏从猫咪头后部慢慢接近眼睛,涂完药后迅速把猫咪的眼睑合上,过几秒钟后放手。
3. 这时,猫咪会不停地眨眼并甩头,试图将眼药水和眼中的污物一并甩出。
4. 取一张干净的纸巾,轻轻将猫咪眼睛周围的污物擦拭干净即可。

Tips
- 不要在猫的视线前方拿着眼药水靠近它的眼睛,否则猫咪出于本能会拼命挣扎,增加上药的难度。

保健篇：治病不如防病，日常保健很关键

猫咪体温要关注

当猫咪鼻端干热，不是湿润的，耳根部或体表皮肤温度比平常高，出现精神不振、食欲不佳等症状时，需要先给猫咪测一下体温，看看它是不是发烧了。一般来说，猫咪早上体温稍低，晚上略高，成猫体温要比幼猫体温稍微低一点儿。

猫咪体温比人类高

正常：38.0℃ ≤ 体温 ≤ 39.2℃

微热：39.2℃ < 体温 ≤ 40.5℃

高热：体温 ≥ 40.5℃

宠物最准确的体温是通过肛温来测量，但是在家里如果操作不当，可能会导致猫咪疼痛、紧张，对主人产生反抗情绪，因此更推荐主人在家里用另一种测温方法。

后腿根部测温法：

- 检查前把体温计的水银柱甩到35℃以下。
- 主人将猫咪抱坐在腿上，这时可先给猫咪挠挠下颌、摸摸脑门，安抚它。
- 然后将体温计夹在猫咪后腿根部。
- 一只手拿着体温计，一只手轻按着猫咪的后腿，保持这个姿势5分钟左右。
- 为了让猫咪乖乖地测完体温，最好是在猫咪本来就安静的状态下，或者是主动跑到主人身边的情况下。

吐毛排毛的注意事项

猫咪一般在8个月左右会出现"吐毛球"的行为，因为猫咪经常舔毛，把毛吃下肚去，日积月累，形成毛球。无法排泄的毛球就会通过呕吐的形式排出，吐出的毛呈条状，黄色，手指粗细。有些长毛猫如金吉拉猫、波斯猫，在天热时舔毛非常频繁，吐毛次数就会增多，有的猫甚至天天都会吐毛。在这种情况下，建议勤于梳理猫咪的毛。

食用"猫草"

"猫草"也叫小麦草，可促进毛球的形成和排出，猫咪有时会咬噬家中的花木来代替。

食用去毛膏

去毛膏含有去毛球成分，可有效预防猫咪体内毛球的形成，按照规定剂量服食，可促使体内毛球通过粪便的形式排出。但是现在市面的去毛膏含有大量诱食剂等化学成分，长期食用对猫咪身体不好。

| 猫事百科 |

耳朵清洁防耳螨

健康的猫咪是不需要我们常常帮它清洁耳朵的，猫咪每天在打理自己的被毛时也会把耳朵清理干净，我们只要定期检查猫咪的耳朵是否有异常情况就可以了。

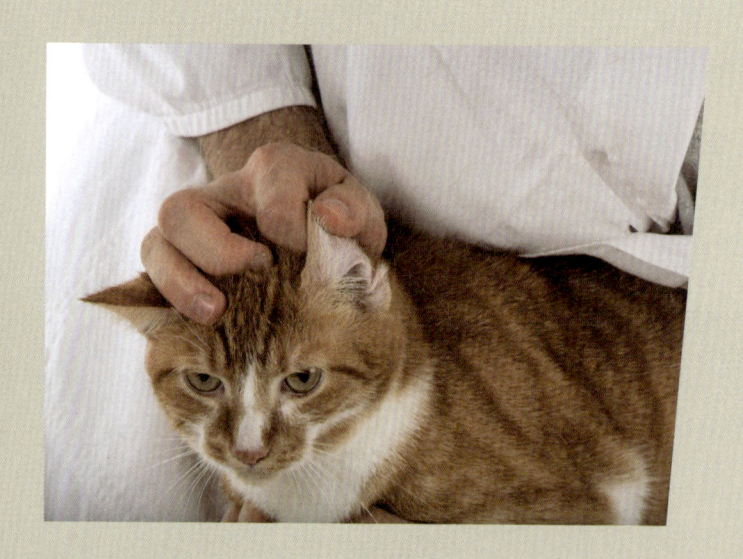

猫咪耳朵检查

猫咪的耳道是L形的，我们只能观察到它的外耳部分。

- 轻轻捏住猫咪耳朵，将其翻开，观察耳朵内部，如果是白嫩的，耳根部只有一点儿耳垢，耳内没有异味，说明猫咪的耳朵健康，不需要做额外的清洁。
- 如果猫咪的耳朵里有很多黑色的脏东西，或者有红肿发炎的情况，比如有黄色的脓液，可能是细菌或者寄生虫感染。这时不要擅自处理，要及时带它去宠物医院，按照医生的指导给猫咪用药和清洗。

如果医生说猫咪的耳朵中仅仅是污垢较多，没有疾病情况，那么做一些耳部清理即可。

耳朵的日常清理

一般来说,健康的猫咪7~15天清理一次即可,频繁清理容易导致猫咪的耳朵发炎。

操作方法

① 准备好清理耳朵所用的卫生棉球和专用的耳朵清洗液。

② 把猫咪放在平坦的桌面,一只手按着猫咪的颈部并将它的耳朵外翻。

③ 另一只手将清洗液滴入猫咪的耳朵内部,迅速将这只耳朵折过来盖上,轻轻揉搓猫咪的外耳,让清洗液浸润耳中的污垢。

④ 一会儿后松开手,猫咪就会迅速甩头将清洗液和污垢一起甩出。

⑤ 再用棉球将猫咪耳中的残余污垢和液体擦拭干净。

密切关注"二便"情况

平时注意观察猫咪排便是否规律、顺畅以及大便状态等,如果粪便出现不成形、有血丝,或过于干燥、排便困难等情况也要及时就医诊治。

还要注意观察猫咪的排尿情况,比如排尿的频次、排尿通畅度、尿液的颜色、尿量等等,如果出现反常情况,也要及时带猫咪去医院治疗。

勤刷牙预防牙结石

有研究发现，3岁以上的猫咪就会出现口腔问题，越早给猫咪刷牙，这个问题就能越早有效预防。口腔护理及定期洗牙可以预防牙周病的发生。最好在猫咪很小的时候就让它习惯刷牙，这样长大后才不会太排斥刷牙，一般建议每周刷牙1~2次。

给猫咪刷牙要循序渐进，不能上来就直接把牙刷塞到猫咪嘴里，这会让猫咪产生抗拒情绪。以下方法可以一天操作一步或两步，一直到猫咪不抗拒为止。

操作方法

① 将猫咪的头固定，掰开嘴唇。

② 用手抚摸猫咪的嘴部和牙齿，让猫咪适应异物的触碰。

| 猫事百科 |

③ 接着可以将猫用牙膏挤在手套上,轻轻摩擦猫咪的牙齿,让猫咪逐渐适应牙膏的味道。

④ 还可用浸湿的纱布对猫的牙齿、牙龈进行清洗和按摩。

⑤ 等猫咪适应后就可以换成软毛刷,来为猫咪刷牙。

🐾 清洁眼周预防泪痕

健康猫咪的眼睛不太会有分泌物，不过有时猫咪刚起床，眼角会有些褐色的眼分泌物，跟人一样，是自然形成的。猫咪一般会自己"洗脸"，但有时没办法完全清洁干净，主人可以帮忙清洁一下。

一些鼻泪管先天发育不良的扁脸猫，如波斯猫、加菲猫、金吉拉、喜马拉雅猫等品种，鼻泪管弯曲度增大，泪液容易从眼内角外形成溢泪，时间长了，就会产生泪痕。这些猫咪要重点护理，经常帮它们清洁眼周，否则一旦产生泪痕，是很难消除的。

日常要注意每日清洗猫碗盆，更换低营养或盐分含量较高的猫粮，让猫咪多喝水。

操作方法

用棉布和硼酸兑水擦拭猫咪眼角，再使用吸水纸或棉布吸干，每日2次。

🐾 清洁嘴周防"黑下巴"

猫"黑下巴"是一种很常见的小毛病，在猫咪的下巴、嘴巴周边会出现黑色的"煤渣"，有时候，可能蔓延到嘴边、鼻孔，甚至导致皮肤发红脱毛。

"黑下巴"出现的原因是猫咪皮脂分泌紊乱，过多的油脂混合角蛋白堵塞了毛囊，使油脂沉积、氧化。

猫事百科

- 换掉塑料饭盆:塑料的猫碗会窝藏细菌,是导致"黑下巴"最直接的因素。
- 食物残渣:无论是罐头、肉泥,还是猫粮外层的喷油,沾染后都可能诱发"黑下巴",饭后要及时给猫咪擦嘴。
- 环境压力:有压力的环境可能会影响猫咪内分泌,因此保持猫咪生活环境的舒适、安全也很有必要。

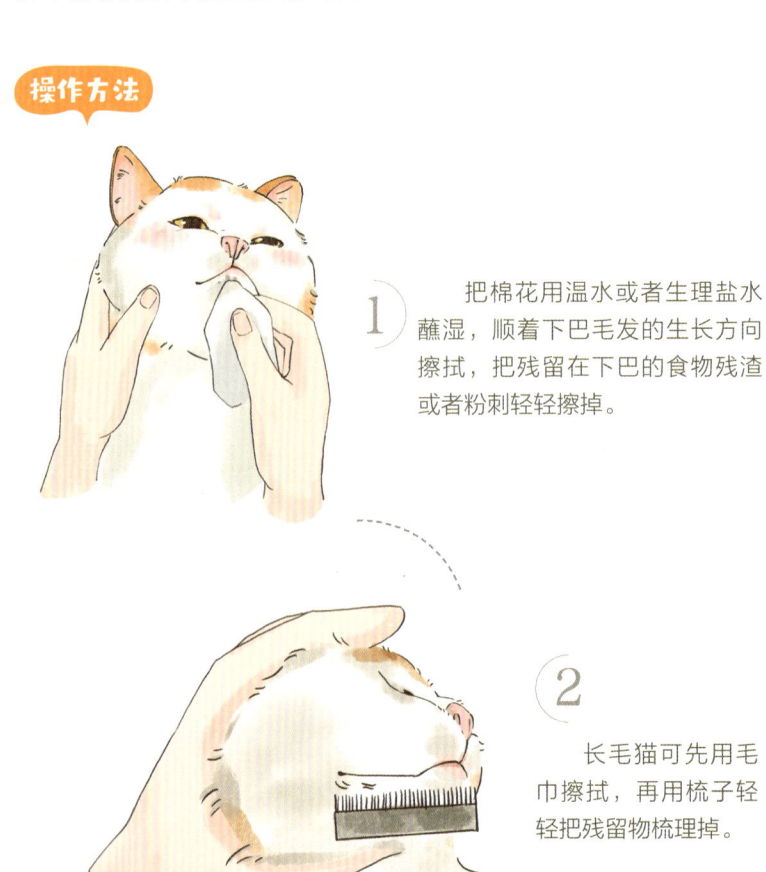

操作方法

① 把棉花用温水或者生理盐水蘸湿,顺着下巴毛发的生长方向擦拭,把残留在下巴的食物残渣或者粉刺轻轻擦掉。

② 长毛猫可先用毛巾擦拭,再用梳子轻轻把残留物梳理掉。

梳理毛发去废毛

猫很喜欢洁净，所以经常会用舌头舔自己的身体，以去除污垢和梳理毛发，但是也有猫咪舌头无法舔到的地方，这时就需要主人的帮助了。给猫每天梳毛、进行毛发护理不仅能除去污垢和虱子，防止毛球产生，还有利于血液循环，促进皮肤的新陈代谢。

短毛猫易梳理，一般每周用密齿梳从上往下梳两三次即可。

长毛猫梳理

长毛猫的毛没有短毛猫的易梳理，为了防止毛纠结在一起而影响美观，需每天梳理1~2次。冬天易于产生静电，可先在猫咪的毛上喷一些水，防止静电产生。

操作方法

1. 头、脸部：由脸颊往颈部的方向梳理，把缠绕的毛球梳开，避免造成皮肤发炎。

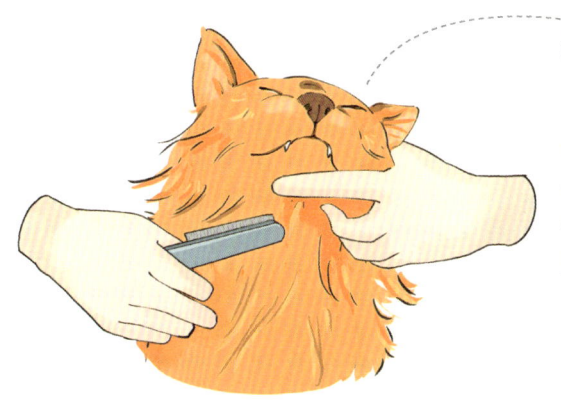

2. 下巴：用一只手扶着猫咪的下巴，梳子由下巴往胸部梳理。长毛猫由于毛比较长，吃东西或是喝水时都容易沾到，造成打结。

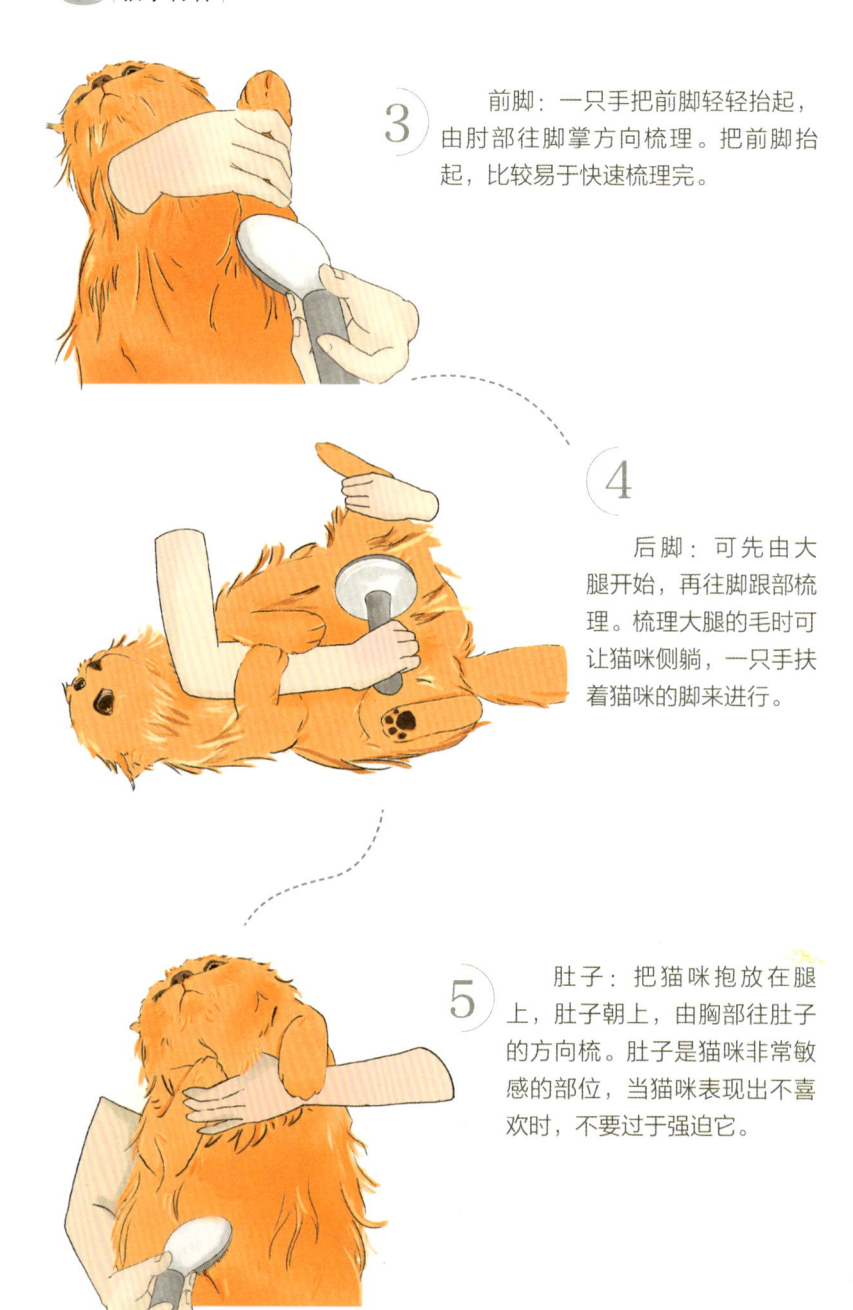

| 猫事百科

③ 前脚：一只手把前脚轻轻抬起，由肘部往脚掌方向梳理。把前脚抬起，比较易于快速梳理完。

④ 后脚：可先由大腿开始，再往脚跟部梳理。梳理大腿的毛时可让猫咪侧躺，一只手扶着猫咪的脚来进行。

⑤ 肚子：把猫咪抱放在腿上，肚子朝上，由胸部往肚子的方向梳。肚子是猫咪非常敏感的部位，当猫咪表现出不喜欢时，不要过于强迫它。

part4 保健指南：如何养出少生病的健康小猫

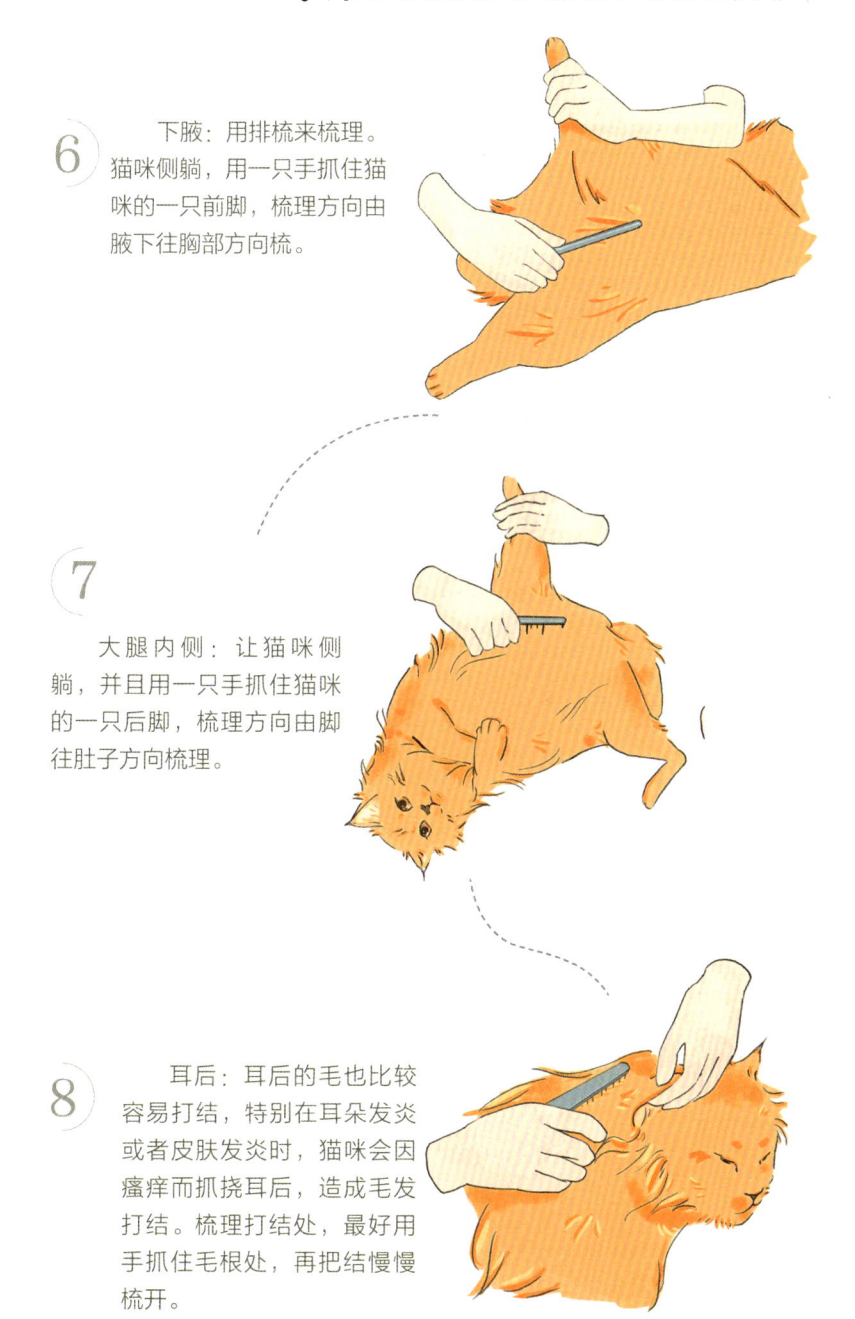

⑥ 下腋：用排梳来梳理。猫咪侧躺，用一只手抓住猫咪的一只前脚，梳理方向由腋下往胸部方向梳。

⑦ 大腿内侧：让猫咪侧躺，并且用一只手抓住猫咪的一只后脚，梳理方向由脚往肚子方向梳理。

⑧ 耳后：耳后的毛也比较容易打结，特别在耳朵发炎或者皮肤发炎时，猫咪会因瘙痒而抓挠耳后，造成毛发打结。梳理打结处，最好用手抓住毛根处，再把结慢慢梳开。

| 猫事百科

⑨ 尾巴：接近肛门处的毛发容易打结，慢一点儿梳开，硬拉扯会使猫咪的皮肤受伤。很多猫咪有公猫尾的问题，尾巴的腺体会分泌大量的皮脂，除了容易让皮肤发炎，也会造成毛打结。

⑩ 最后，梳理并检查全身。在换毛期间每天至少梳毛一次，保持毛的柔顺。

🐾 定期剪指甲

猫的爪子非常锋利,用来抓捕猎物和攀爬树木。对于没有与人类接触的户外生活的猫来说,它们是必需的。

对于与人类一起在家中生活的宠物猫来说,它们不需要捕捉猎物或爬树,爪子太长而又没有磨掉的话,不仅容易刺到脚掌,而且会勾到其他东西,还可能会从根折断,造成出血。因此,定期修剪爪子是非常必要的。

对着灯光照一下,猫的爪子只有爪子尖有一小截透明的部分是可以剪的,四周白色半透明的部分,最好不要剪到,再往里面粉色的部分是"血线",不能剪。

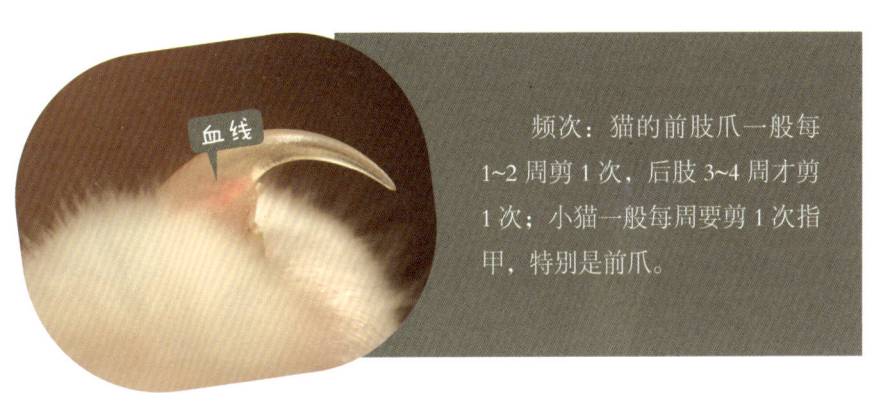

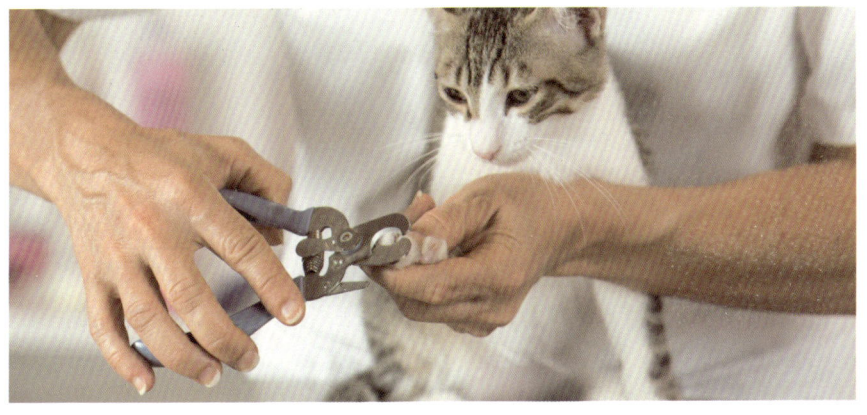

频次:猫的前肢爪一般每1~2周剪1次,后肢3~4周才剪1次;小猫一般每周要剪1次指甲,特别是前爪。

猫事百科

习惯剪指甲

如果猫咪还没有习惯剪指甲，或者非常反感主人碰它的爪子，要对猫咪进行适当训练，让它适应指甲刀的外观和触感，同时适应主人触摸它的爪子。

脱敏训练

触摸它的爪子→给予零食

展示指甲刀→给予零食

用指甲刀触摸它的爪子→给予零食

重复这个训练一直到猫咪不抗拒指甲刀和被触碰爪子为止

戴伊丽莎白项圈

如果猫咪对剪指甲很抵触，可以将伊丽莎白项圈戴在它的脖子上，把它放置在床上或你的膝盖上，再为其剪指甲。

在猫咪感到放松时剪指甲

猫咪呼呼大睡或卧在你的怀里时是最放松的状态，可以边抚摸边快速地给它剪指甲。

用美食吸引猫咪

用猫咪最喜欢吃的小鱼干、牛肉干等零食吸引它，在它们吃东西的时候剪指甲，转移它们的注意力，或者是让它们把"剪指甲"和"吃好吃的"联系起来。

| part4 保健指南：如何养出少生病的健康小猫

操作方法

① 剪的时候将猫固定在腿上，保持猫咪舒服的姿势即可。

② 猫咪的指甲缩在脚掌内，所以在剪指甲时要把指甲往外推出。

③ 横向剪指甲透明处1~2毫米，注意不能剪太多。

猫事百科

🐾 洗澡的训练方式

猫咪天生害怕水，大部分的猫咪都是不喜欢洗澡的，而且洗完澡后还要用吹风机吹干。一般而言，第一次给猫洗澡的时间越晚越好，至少也需要等满月，两个月的时候洗澡效果最好。

猫咪究竟需不需要洗澡？

猫咪需不需要洗澡，更大程度上取决于主人。有些主人觉得猫满地跑很脏，忍不住要洗一下，或者只有洗干净才能接受它们上床、上沙发。

猫咪是一种自我清洁度很高的生物，它们对不属于自己的气味非常排斥，因此会不定期清理自己。如果做好驱虫、日常清洁，猫咪洗澡的必要性其实没有那么大。

猫咪到底更怕风吹还是更怕水冲，还是怕噪声大？这些都是主人需要了解的。

强行给猫咪洗澡导致应激，猫咪轻则会大量脱毛、发热、呕吐、腹泻，重则会抽搐、休克、突发心脏病、急性死亡。天生心脏不好的猫咪（如美短、英短），很容易在洗澡过程中，因为过度紧张出现心肺功能障碍，发生急性死亡。

因此，给猫咪洗澡，一定要做好情绪安抚和脱敏训练。

part4 保健指南：如何养出少生病的健康小猫

注意事项

①尽量在小一点儿的空间里进行，防止猫乱跑乱动。

②第一次洗澡时，不要给它泼水，否则它可能会对水和洗澡产生恐惧心理。

③在浴盆里洗澡的话，水不要没过猫咪的肚子。

④洗澡时不要用水流特别强的花洒，最好用浴盆和水流小的水管。

⑤洗澡之前，先修剪它的指甲，梳理毛发。

⑥猫咪的皮肤是中性的，而人类的洗护用品是碱性的，因此要用宠物专用沐浴露。

⑦头部最好用湿毛巾进行擦拭，不要把水泼到猫咪脸上，鼻子、耳朵不能进水。

顺序：后背→身体两侧→肚子→脖子→屁股→尾巴→四肢。
动作要迅速，尽可能在短时间内完成。

前期脱敏训练

如果前期脱敏训练都做不到，最好还是带去宠物美容店，交给专业的宠物美容师来操作。

①在远处打开吹风机，慢慢靠近猫咪，观察猫咪的状态，让猫咪逐渐习惯吹风机。

②如果用的是宠物烘干箱，就打开烘干箱，在箱子里放猫咪喜欢的零食，放任它自己观察，直到猫咪出入烘干箱毫无感觉为止。

③先把猫的脚放进水里，让它先适应一下，如果到这一步猫咪就弹跳起来，极其抗拒，就不要继续进行下一步了。

④边洗要边跟它说话，动作要温柔，让猫咪感觉舒服、没有畏惧感。

猫事百科

洗澡的详细步骤

操作方法

① 试水温：水温与猫咪体温接近，40℃左右即可。

② 淋湿猫身上的毛，注意将猫脸稍微抬高，以免把水弄进它的眼睛或鼻子。

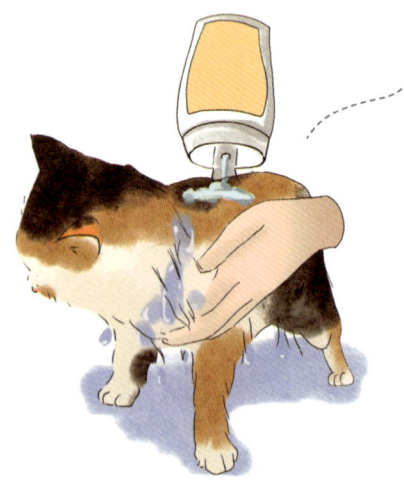

③ 在猫的被毛上擦拭专用洗毛乳，在后背慢慢搓开泡沫。

| part4 保健指南：如何养出少生病的健康小猫

④ 用沐浴海绵搓泡，搓洗身体两侧。

⑤ 再慢慢揉搓肚子。

⑥ 搓洗前肢和后肢，肉垫夹缝也要搓一下。

| 猫事百科

7 用手按摩搓洗头部、脸部,轻轻擦掉猫咪眼周的分泌物。

8 猫的尾巴要细致地清洗,如果清洗不干净容易引起皮肤炎症。

9 用莲蓬头或水管贴着身体,从头部到脖子再到身体,多冲洗几次,彻底冲洗干净。

| part4 保健指南：如何养出少生病的健康小猫

10) 冲洗完后，拿一条猫咪熟悉味道的浴巾将其整个包裹起来。

11) 吹风时，先吹胸前的毛，再吹身体，四肢可以逆着毛发吹。

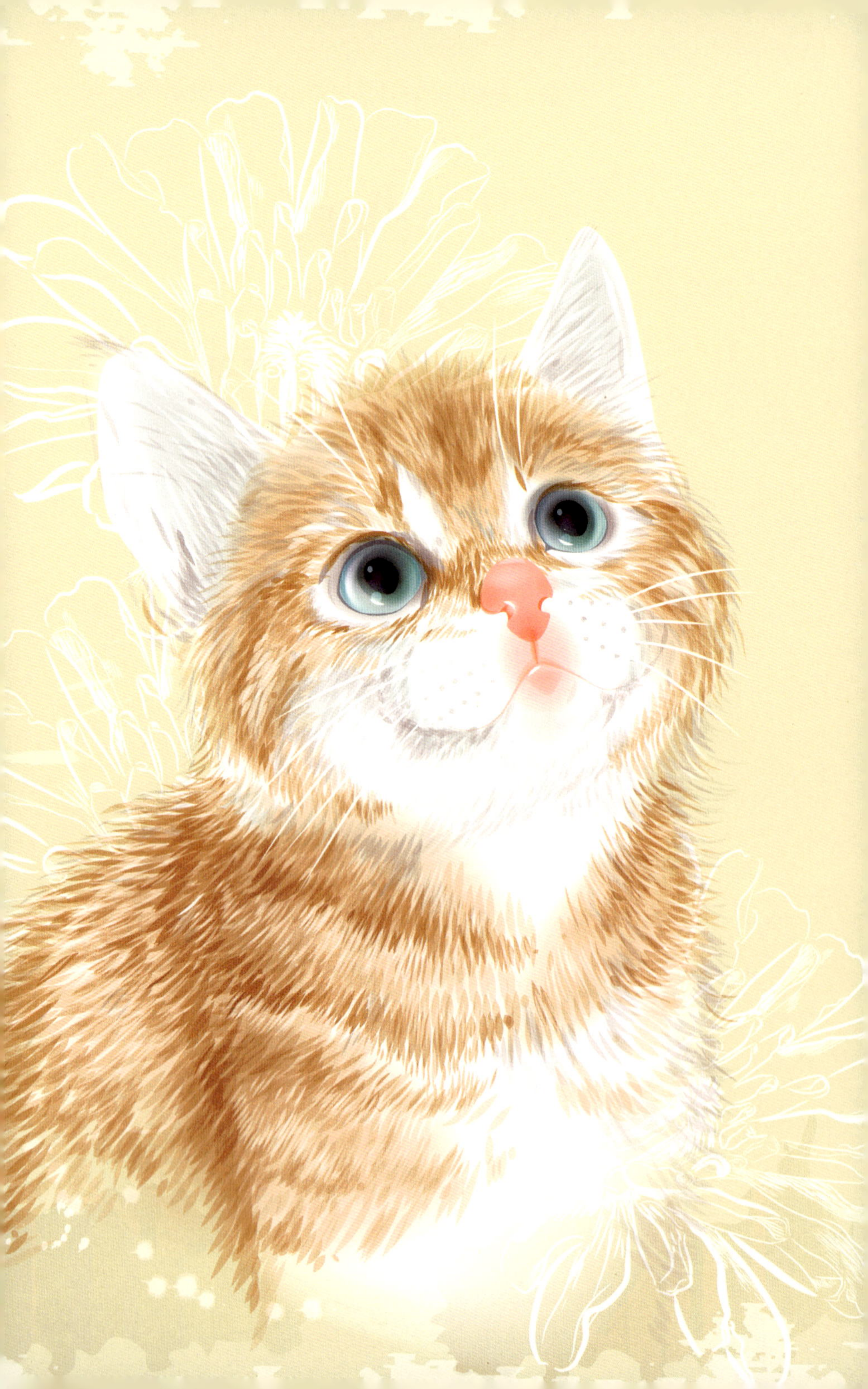

part **5**

猫语篇：
读懂猫咪的这些行为

| 猫事百科 |

撸猫抱猫小技巧

下巴

这是猫咪非常喜欢被抚摸的部位，用手指或者指甲轻轻挠猫咪的下巴，猫咪可能会主动把下巴挪到你的手的位置，表现出非常享受的样子。

两耳之间以及耳后

耳朵周围是分泌气味的部分，如果猫咪喜欢用头蹭你，说明喜欢你，想在你身上留下它的气味。

part5 猫语篇：读懂猫咪的这些行为

脸颊两边

脸颊两边

用手背沿着猫咪的脸颊顺着毛蹭蹭，用大拇指绕着整张脸和头顶按摩，猫咪会很享受。

背部

先轻轻挠一挠猫咪头顶，然后顺着头顶一直向尾巴根部方向按摩，反复地从前到后按摩背部。

"撸猫"禁忌

- 不要逆着毛"撸猫"，来回乱摸，这样猫咪会觉得你把它舔了很久的毛弄乱，会生气。
- 尽量不要拍打猫咪，尤其是头部。
- 猫咪的尾巴、肚子、爪子和屁股很敏感，尽量不要随便乱摸，尤其是猫咪的肚子，这里是它们最脆弱的部位。

如果猫咪很享受，它会用力弓着背顶你的手。当你松手回到起始位置，猫咪就会用前额紧紧顶住你的手，希望你继续"摸摸"。如果猫咪压低耳朵、大力抽动尾巴、抽身退离或直接溜开，那就不要再按摩了。

| 猫事百科 |

猫咪行为学

躺下露出腹部

腹部是猫咪最脆弱的部位，如果它愿意摊开腹部给你看，表明它非常信任你。但是也不要贸然地去摸它的肚子，这个行为对猫咪来说可能有点冒犯。

| part5 猫语篇：读懂猫咪的这些行为

尾巴勾着主人转圈

猫咪用尾巴勾着主人转圈，
是一种亲昵和友好的表现，
表明猫咪对主人有强烈的好感，
想要吸引你的注意，
表达："我很喜欢你，
快跟我玩！"

| 猫事百科

大摇大摆在饭桌上走

猫咪在饭桌上大摇大摆走来走去,
可能是为了吸引主人的注意。
也可能是因为猫咪天生好奇,
对饭桌上的气味、物品或食物非常感兴趣,
使它们想要进一步探索。
也有可能是想吃东西,
如果猫咪曾经从饭桌上获得过食物,
比如虾、鱼、肉之类的,
它们可能会将饭桌与好吃的联系起来,
并期望在这里吃到更多好吃的,就会跳上餐桌。

炸毛

如果碰到让它感到愤怒、紧张的事情，
猫咪会跳到一旁，背部弓起，向上直竖起尾巴，
全身的被毛也都竖立起来，看起来仿佛"炸毛"了一样，
喉咙里还会发出"呜呜呜"的低吼。
这是猫咪用尾巴和身体动作表示自己的愤怒，
表示自己已经很生气、很紧张，再接近，它就要展开攻击了。
一定不要在这个时候去抚摸、安慰它，
这时的猫咪攻击性很强，
贸然接近很可能会被抓伤、咬伤。
等猫咪心情缓和后再去摸摸它，减少它的恐惧。

迎接你回家

在猫咪的世界里，主人出门代表出去"打猎"了，它在等待你"打猎"回来给它带吃的，如果每次回家，都给它好吃的，它会觉得你很厉害，非常仰慕你。如果主人出去好几天才回来，它一直等着你，等你回来后一直黏着你、冲你喵喵叫，它可能觉得主人在外面"打猎"九死一生，好不容易才回来。

"呼噜呼噜"的猫腹语

在猫咪被主人抱着抚摸下巴、身体时，或是在慵懒地伸展四肢的时候，或是窝在柔软的猫窝里时，呼噜声表示它心情很愉快，这里很安全。

像小狗一样吐舌头

有时候猫咪会把舌头露在外面,像狗狗一样伸着舌头喘气,一般来说有以下几个原因。

剧烈运动后,太热

猫咪如果夏天在家里上蹿下跳,剧烈运动之后,吐舌头喘气,可能是为了散热,一般休息一会儿就会正常;如果夏天猫咪经常张开嘴巴喘气,可能是中暑的前兆,要及时调整室温,给猫咪降温。

应激反应

当猫咪的情绪过于紧张或者突然受到惊吓时,会导致心跳加速,体温升高,产生一系列应激反应,其中就包括张开嘴巴调整自己的呼吸,这是负面情绪所带来的行为。

晕车

在车上颠簸时,猫咪也可能产生应激反应,比如呼吸不畅、头晕目眩、身体失衡、恶心呕吐等。这时候的猫咪通常都会蜷缩起来,张开嘴巴吐出舌头剧烈喘气,还会伴有口水增多和口吐白沫,甚至大小便失禁。

呼吸困难

当猫咪缺氧时,只靠鼻腔无法吸入所需氧气量,就会张开嘴巴喘气来提高供氧。表明猫咪的身体可能有问题,比如鼻腔和支气管炎、原发或继发性的心血管疾病、呼吸道疾病、哮喘、肺炎等。一般来说,还会伴有精神萎靡、行动困难等不良反应。要及时就医。

哈气

猫咪有时会张大嘴巴,发出像蛇一样"嘶哈"的哈气声,一般来说,猫咪哈气代表了以下几种意思。

恐惧、不安:猫咪哈气是一种防御机制,它们感到受到威胁或者不安全时,会通过哈气来警告对方,试图让对方保持距离。这种情况下,猫咪的耳朵通常会向后贴,身体也可能会紧绷,表现出一种防御姿态。

领地争夺:猫咪是非常注重领地和边界的动物,如果它们觉得自己的领地受到了侵犯,或者需要划清与其他动物的界限,可能通过哈气来警告对方。

身体不适:如果猫咪在哈气的同时,还表现出其他异常行为,比如食欲不振、行动迟缓等,可能代表它身体很不舒服,需要及时去看医生。

瞳孔放大缩小的含义

随着光线的变化，猫咪的瞳孔会放大缩小，以适应不同的光照环境。在光线较暗的情况下，猫咪的瞳孔会放大，以便捕捉更多的光线，从而提高它们在昏暗环境中的视力。相反，在光线明亮的环境中，猫咪的瞳孔会缩小，以防止过多的光线进入眼睛，保护它们的视网膜不受损伤。这种瞳孔的调节机制使猫咪能够在各种光照条件下保持良好的视觉能力。

除了光线变化，当猫咪处在进攻状态时，为了更好地观察"对手"，做好随时攻击的准备，它的眼睛会睁得很圆，瞳孔会缩成一条竖立的细线。和猫玩耍时，如果发现它的瞳孔在缩小，要小心，猫咪可能要准备开始攻击了。

猫咪的眼睛圆圆的，眼神平静自然，表明猫咪很放松，周围的环境让它感到安全，或者是吃饱喝足，非常闲适。

暗中观察的小猫

猫咪的不同睡姿

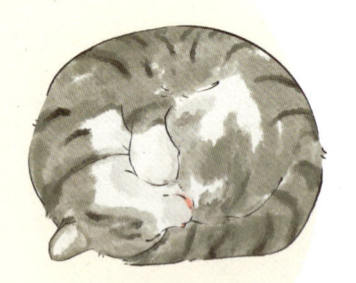

缩成一团

猫咪是一种特别敏感的动物,如果猫咪对身边的环境不放心,它会在睡觉时也保持戒备,把身体蜷成一团,头尾相接,把最脆弱敏感的肚皮藏起来,看上去像一堆毛线团。

这时去抚摸猫咪,它不仅不会和你更亲近,还会觉得"你果然想在我睡觉的时候攻击我",从而产生戒备心。

侧卧

猫咪侧躺在沙发、猫窝或地上,四肢伸向身体一侧,一半肚皮露在外面,表示猫咪有安全感,睡觉放松。

亮出肚皮

当猫咪感觉周围的环境非常安全时,会四仰八叉亮出自己的肚子,把身体最脆弱的地方展示出来。表明猫咪对你非常信任和依赖,家里让它感到非常安全。

part5 猫语篇：读懂猫咪的这些行为

趴着睡

猫咪像一条长长的面条，将整个肚皮贴在地板上睡觉，可能是为了给肚皮降温，也表明此时很放松，基本没有警惕性。

"母鸡蹲"睡姿

猫咪通常表现为四只脚着地，背部弓起或隆起，背部/腹部肌肉紧张的姿势。猫咪经常"母鸡蹲"，可能是以下几种原因，要引起重视了：

生病：猫咪肚子不舒服时也会出现"母鸡蹲"睡姿，有些疼痛，可以通过弓背蜷缩，起到一定程度的缓解，窝起来舒服一些。要注意观察是否伴有其他表现，比如嘴巴紧缩，胡子往后撇，食欲不振、精神不佳等，要及时带猫咪去看医生。

紧张：当猫咪处于陌生环境，紧张或者应激状态时，四脚着地、腹部贴地的姿势，是为了方便自己在遇到危险时第一时间逃跑。表明猫咪警惕性很强，感觉危险随时来临，不信任周围的环境和人。

揣手睡

猫咪趴着身子，下巴垫在前爪上，两只前爪像是"揣着手"一样地在睡觉。天气寒冷的时候，猫咪会这样趴着睡觉，把爪子缩进温暖的脖子下面，舒适又保暖。

猫事百科

尾巴的奇妙含义

尾巴放在身侧:放松、愉快

猫咪的尾巴放松地盘旋在身侧,尾尖微弯向上,表明它现在心情很好,感到很安全,所以用最舒服、最自在的方式放置自己的尾巴。

尾巴向上竖立:愉快、满足

当猫咪吃到自己喜欢的食物时,会直直地竖起尾巴,表达自己的愉快。

尾巴尖向下弯曲:友善

家中来了新的猫咪,或者在户外遇到其他小动物时,如果猫咪发现对方没有敌意,就会竖起尾巴,同时尾尖微微向下弯曲,这个动作是它们在表达友善,表示愿意与对方亲近。

尾巴夹在两股之间

感到害怕的时候,猫咪会尽可能地让自己看起来很小。不仅身体会缩起来,尾巴也会夹在两股之间,向同类表示它在猫群中地位低微的时候也会这么做。

part5 猫语篇：读懂猫咪的这些行为

尾巴快速摆动

快速摆动尾巴来表示不高兴、不爽。当猫咪心情不好，或者不想搭理人的时候，也会快速摆动尾巴来表达情绪。猫摇动尾巴的力度越大，速度越快，表明它的心情越糟糕。

尾巴左右大幅度摆动

捕捉鸟类是猫咪的一大爱好。蹲在树下遥望高踞枝头的鸟儿，猫咪常会左右大幅度地摆动尾巴，并伴随着一两声急促的叫声。想要的东西够不着，只能眼巴巴地看着，此时猫咪的内心是焦躁、无奈的。

当猫咪想从高处跳下来时，发现高度好像超出了自己的能力范围，也会不停地左右摆动尾巴，一副焦急不安、无计可施的样子。

尾巴竖起、炸毛

是猫咪在威胁对方或感到恐惧的时候，此时它们把全身的毛都竖起来，紧张的情绪一直传达到尾巴尖端。

尾巴随意晃动两下

当主人呼唤猫咪的时候，猫咪表示"听到了"，但不太想搭理你，就会轻轻地摇动一两下尾巴。

这些"调皮捣蛋"行为代表了什么

🐾 咬手、扑脚

扑、抓、撕、咬是猫咪的天性，主人与猫咪玩耍时被抓伤、咬伤是很常见的。猫咪可能是把你的逗引行为当成了一种挑战，认为这是在和你玩捕猎游戏。

跟你玩，把你的手和脚当成"玩具"

猫咪和主人一起玩耍的时候，会用两只前爪、嘴与主人的动作配合，比如，扑向逗猫棒、抱住主人的手狂踢、扑脚。每只猫咪玩耍时动作的用力程度不同，有些猫咪只是轻柔地撕咬，也有的猫咪不懂分寸，会把人抓伤、咬伤。

撒娇，没控制住力道

有的猫咪朝主人撒娇而没有得到回应时，就会轻轻咬主人的裤脚或手，表示"你还不理我吗"？但是它可能不会控制下嘴的力道，无意中会伤到主人。随着主人的惊叫，猫咪也会受到惊吓，瞪着大眼睛很无辜地看着你。

怎么改正咬人、扑脚的坏习惯

轻声喝止：当猫咪出现咬人现象时，主人一定要轻声喝止，但不要太凶。这样，猫咪就知道它咬人的时候，主人会不高兴、不陪它玩。

喷水：当猫咪每次一玩起来就咬人，可以迅速拿个喷水壶喷它一下，制止它的行为，或是弹一点儿水珠在它身上。久而久之，猫咪就会把"咬人"跟"被水喷"联系起来，慢慢地就不咬人了。

不理：猫咪很喜欢扑脚，一是因为把脚当成猎物，一扑就会停下来，可以试着被扑脚的时候不管它，时间久了，猫咪就会觉得"没意思，不想玩了"。

猫事百科

🐾 躲在暗处突然袭击人

猫咪"偷袭"其实是将它捕猎的本能用到了游戏中,在邀请主人玩耍。

如果主人忽略猫咪时,它会主动跑来邀请你一起玩耍,先躲在一旁,当你经过时突然扑过来,轻轻拍一下你的裤脚,跑开几步,再回头看看你。

也有可能是把主人的脚当作猎物,喜欢看"猎物"上蹿下跳的样子。

可以经常用逗猫棒跟它玩,消耗它的精力,在它偷袭的时候不理它,让它觉得"没意思"。

🐾 在屋子角落里排泄

猫砂盆不干净

如果没有及时清理猫砂盆,猫咪会觉得猫砂盆不干净而拒绝在其中大小便,忍无可忍时,便会在家中其他干净的地方上厕所,沙发、墙角,甚至床上。清理猫砂盆后,猫咪会重新选择在猫砂盆里如厕。所以,要及时清理猫砂盆。

应激反应,心理压力大

一般情况下,猫咪的忍耐力和心理承受能力都比较强。但如果受到过于严厉的打骂、遇到陌生人和陌生动物时,猫咪就会感到非常惊恐、焦虑,对生活环境产生强烈的不安全感,从而躲进角落并在里面大小便。这是猫咪遇到强烈刺激时的应激反应。

猫咪身体不舒服

如果猫咪一反常态地在室内大小便,要注意观察猫咪是否身体不适,比如,是否得了肠胃疾病、感冒等等。一般来说,如果猫咪拉稀,而且出现在猫砂盆之外的地方时,可能是猫咪生病了,要及时去医院就诊。

猫事百科

🐾 突然咬主人一口

正在睡觉时,猫咪突然扑出来咬你一口。如果你没有反应,它会再咬一口,直到把你咬醒,意思是喊你起来陪它玩、给它点好吃的。

如果每次都接受它的"邀请",无论是睡着还是停下手里的事情,它就会经常用这种方式达到自己的需求。

因此,不要总是接受猫咪的"邀请",而是要让它明白这种搞偷袭的方式是无效的。

🐾 咬纸、塑料袋、衣服、鞋子

幼猫换牙

猫咪4～6个月的时候,口中的乳牙会逐渐脱换。这段时期,猫咪的牙齿会有痒、酸、痛等很多不适感,通过撕咬东西,能缓解换牙期口中的不适感。卫生纸、衣服等物品柔软又有韧性,非常适合磨牙。

如果小猫处于换牙期,可以买一些磨牙棒、口咬胶等磨牙用具,帮助猫咪缓解换牙时的不适感。过了这段时期,猫咪可能就不会乱咬东西了。

发泄情绪

猫咪感到孤独感和心理压力时,可能会通过撕咬东西来缓解。家养猫咪没有捕猎以及与天敌交手的机会,所以会把家中的物品当作猎物,练习捕猎的技巧。

可以多给猫咪备一些有趣的玩具,转移它们的注意力。在条件允许的情况下,可以再养一只猫咪,互相陪伴、玩耍和当"陪练",练习捕猎技巧。

把桌子上的东西拨到地上去

猫咪的爪垫非常敏感,可以感知物体的运动、声音、温度等。猫咪会通过拍打、敲打周围的物体,来了解这个物体。拍着拍着,重量较轻的东西就掉下去了。

在猫眼里,桌子上的东西可能是猎物,试探性推一下,推着推着掉到地上,它会观察这个猎物会不会"逃跑",然后展开追逐。

也有可能猫咪纯粹是为了吸引主人的注意,看到东西要掉下来主人吃惊的表情、慌乱的动作,会让猫咪觉得很有意思。

故意尿主人床上、乱尿

排除掉猫砂盆、心理等因素，猫咪报复性乱尿可能是一些微小的原因，比如说今天打翻碗，被主人训了，它心里不爽，就去你休息的地方、家里别的地方乱尿。

这种情况下该如何矫正"小心眼"的猫咪？

教训它

不管尿床事后过了多久，先把猫拎到乱尿的地方好好骂一顿。用点力拍脑袋、弹鼻子，但也不要太大力，以免猫咪与你"决裂"。

"关禁闭"

把清理猫尿的纸巾、毛巾，扔进猫砂盆里，把猫咪关进去反省一段时间。

清洗

要把尿过的地方彻底清洗干净，把猫咪留下的味道去掉，否则它下次可能还会在同一个地方尿。猫咪的尿味是非常浓烈的，不用一点儿"特殊"手段，很难完全洗干净。

• **床单、被套、沙发套**：清水搓洗过后，用小苏打浸泡一晚，扔进洗衣机洗三遍，阳光暴晒几天。

• **厚被子、垫子**：被子和垫子可以选择用大量的水不断冲洗，冲透了，再放到阳光下暴晒。

• **床垫**：如果尿在床垫上，建议直接把床垫换了，否则每天晚上睡觉都会闻到浓烈的气味。

挠沙发、挠椅子

狩猎、爬树是猫咪的生存本能，为了保持爪子锋利，猫咪会磨爪子。沙发、椅子等布料非常适合挠爪子。猫咪通过抓挠的方式在物品上留下自己的痕迹和气味，向其他同类表示"这里是我的地盘"。

为了保护家具物品，可以在家里放一些猫爪板供猫咪磨爪子用。猫抓板的数量、放置的位置视猫咪的抓挠习惯而定，最好是在柜子、沙发等猫咪经常抓挠的地方都放上一个猫抓板。多种多样的猫爪板更能激起猫咪玩耍的兴趣。

- 平板式：让猫咪竖起身体练爪子。
- 圆柱形：让猫咪像抱着大树一样抱着它磨爪子。

经济条件和家庭空间允许的情况下，也可以准备一个猫爬架，让猫咪上下攀爬、跳跃，还可供抓挠、休息，能转移猫咪挠家具的行为。

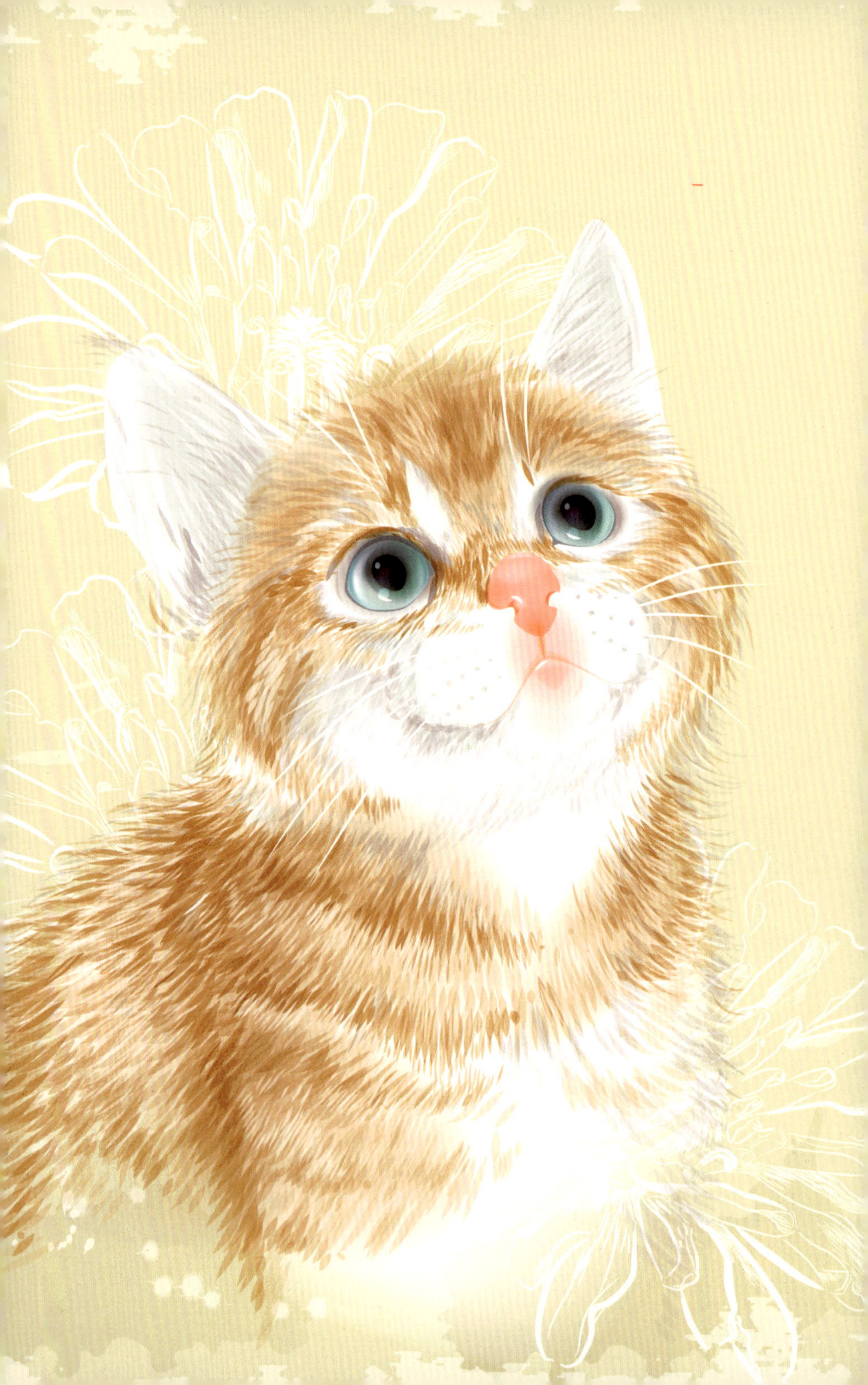

part **6**

猫咪的发情与绝育

| 猫事百科 |

公猫母猫
发情行为有区别

猫是频繁性发情动物，如果没有绝育，猫咪就会一直发情。

🐾 母猫

主动发情

母猫在 7～9 个月之间性成熟并开始发情，每次发情持续 4～10 天，间隔 2～3 周左右发情一次。

具体表现：

- 身体前端伏在地上，屁股向上翘，后腿反复踩踏。
- 喜欢在地上滚来滚去，用脸、脖子到处蹭，留下气味。
- 更黏人、情绪焦躁。
- 爱叫，尤其是晚上，叫声高亢。

🐾 公猫

被动发情

公猫一般在 6 个月后性成熟，并随着环境变化而发情，主要是受到母猫发情时分泌的气味刺激而发情。即使是距离非常远的母猫，也会影响到公猫导致其发情。

- 爱叫、焦躁、尾巴举高、总是想往外跑。
- 到处乱尿，标记领地，吸引母猫。
- 攻击性增强，露出生殖器。

猫咪性成熟的认知

很多猫家长对于猫的性成熟没有概念，会把没有绝育的猫放到野外去玩，或是认为猫猫才几个月，放着一起玩没什么，或者看着两只小猫叠在一起，感觉很"有趣"、很可爱，其实这种做法和想法藏着很多隐患。

如果将未绝育的母猫放到野外，它可能会在发情期与陌生公猫交配，这不仅会增加母猫怀孕的风险，还可能使母猫感染各种疾病。对于年龄小的猫猫，如果未绝育就放在一起玩，尤其是公猫已经性成熟的情况下，可能会发生意外交配。一旦年龄尚小的母猫怀孕，身体还未完全发育成熟，怀孕和生产会对它的身体造成极大的伤害。同时，小猫也可能出现发育不良等健康问题。所以猫家长们一定要重视猫咪的性成熟情况，避免因疏忽而给猫咪带来不必要的伤害。

交配动作的确认

了解猫咪的交配动作，对猫家长进行及时干预或配种都有帮助。以下所有动作会在5~10分钟后重复，并且会发生好几次。

①母猫会在地上打滚，挑逗公猫，以吸引它的注意。

②母猫会摆出标准的交配姿势，它的身体前部会紧贴着地面，而背部中央下陷，屁股则翘得高高的。

③公猫会着急去咬住母猫的颈背部皮肤，并骑乘在母猫身上。

④当公猫的阴茎成功地插入母猫阴道后，可能伴随母猫凄厉的叫声。

⑤公猫与母猫迅速分开，公猫可能会闪躲不及而遭到母猫攻击，公猫会在一段距离之外蓄势待发。

⑥母猫在攻击公猫之后会在地上翻滚摩擦并伸懒腰，将一只后腿翘得高高的，并且开始舔舐外生殖器。

猫事百科

猫咪绝育的必要性

🐾 母猫长时间发情的危害

- 卵巢囊肿、子宫蓄脓等生殖系统疾病的发生。这些疾病不仅会影响母猫的生育能力，还可能对其身体健康造成长期损害。
- 发情期间，母猫体内激素变化可能刺激排卵，增加子宫积液和子宫蓄脓风险。
- 母猫在发情期间会变得焦躁不安，情绪波动较大，可能出现拒绝饮食、食欲降低等现象。
- 发情期间的母猫可能会大量掉毛，免疫力下降，增加感染细菌、病毒等病原体的风险。

母猫的绝育手术需要切开猫咪的腹腔，将其卵巢和子宫切除。母猫做绝育手术后，可以大大降低患上子宫疾病、生殖器官传染性疾病等病症的概率。还能减少母猫发情时不分白天黑夜一直喵喵叫的情况。

公猫长时间发情的危害

- 为了标记领地和吸引母猫,公猫会在墙壁、家具、地毯等物体上喷洒尿液。
- 公猫在发情期间会发出高亢、持续的叫声,吸引母猫的注意。这种叫声在夜间尤为明显,可能会影响主人和邻居的休息。
- 长期发情会导致公猫变得焦躁不安,原本温顺的猫咪可能变得暴躁,容易出现伤人情况。

给公猫做绝育手术,主要是对其睾丸进行切除。公猫做绝育手术后,可以避免因为长期发情导致的睾丸肿瘤、前列腺肥大等病症,发情时随地乱撒尿的情况也会减少。

一般应该在猫咪 6~8 月龄时进行绝育手术。不过,猫咪的品种不同,发育情况也会不同,具体手术时间还需要请宠物医生对猫咪进行检查后给出专业意见。

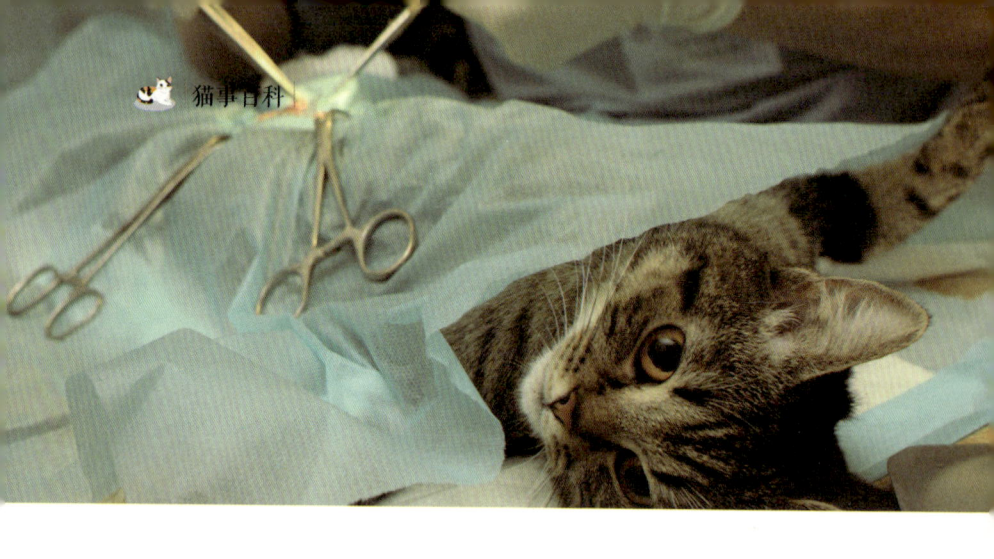

绝育前的准备

🐾 绝育前一周

- 确保猫咪身体和精神状况是良好的,没有流眼泪、打喷嚏、食欲不振、精神不佳等情况。
- 确保猫咪已经按时接种完疫苗,把猫咪的疫苗证准备好。
- 准备一个空间大的航空箱,买好猫用尿垫和垫箱子的软布、小垫子。

🐾 绝育当天

- 如果怕猫咪绝育后"记仇",觉得是主人让它受苦,可以跟医生一起演戏,假装猫咪被医生"抢走",能减少猫咪手术后"记恨"主人的情况。

part6 猫咪的发情与绝育

- 绝育手术前8个小时就要开始断水断粮，防止麻醉过程中猫咪呕吐，呕吐物会阻塞气管而造成吸入性肺炎，甚至是窒息，所以手术前应禁食、禁水至少8个小时，让胃部排空。

绝育后

准备好伊丽莎白圈，一定要一直戴着，防止猫咪舔舐伤口。猫咪的舌头上有倒刺和很多细菌，如果让猫咪舔到伤口，可能会导致二次发炎和增生。

消炎药分两种，口服和喷雾，用来预防伤口发炎，按照医嘱准时使用。

手术后猫咪可能因为疼或者应激不愿进食，可以拿针管喂水喂食。如果猫咪超过3天不吃东西，就要及时就医。

术后会复查和拆线，观察伤口是否增生，按医嘱要求做。

拆线后伊丽莎白圈继续戴1周，防止舔伤口。

猫咪绝育手术后会出现食欲大增但新陈代谢减慢的情况，容易导致肥胖。所以，术后还应注意科学合理地安排猫咪的饮食，如为猫咪准备低脂、高纤维含量的猫粮，补充蛋白质等。

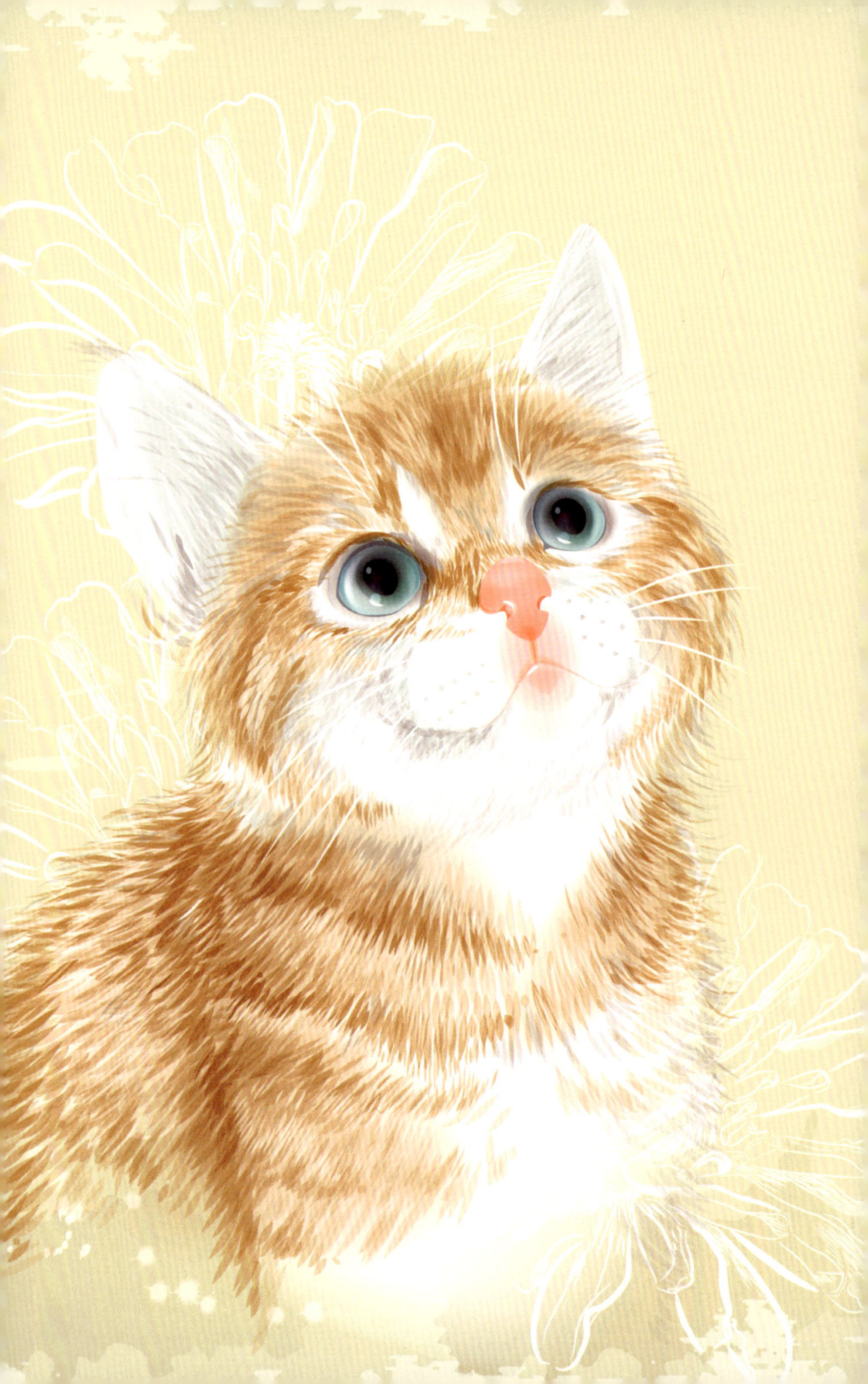

part 7

猫咪种类：
常见家养猫咪类别大盘点

猫事百科

中华田园猫

性格：活泼开朗，喜爱运动
起源地：中国
体型：中型
毛长：多为短毛

中华田园猫是对中国本土家猫类的统称，根据毛色分为狸花猫、橘猫、三花猫、奶牛猫、狮子猫等多个品种，其中以狸花猫和橘猫最常见。中华田园猫容易喂养，以高超的捕猎技巧而闻名，体格健壮、活泼开朗，适应能力极强。

狸花猫

长有非常漂亮的条状纹路，大部分为黑灰相互夹杂的短条纹，形如虎斑，尾部是黑色环状花纹。四肢强健，肌肉发达，平衡能力很强。头部较圆，两耳间距较小，耳根宽广，耳深，耳朵比其他品种猫要大。

狸花猫

part7 猫咪种类：常见家养猫咪类别大盘点

橘猫

全身覆盖着厚密的橘色或橘白相间的被毛，腹部和四肢末端可能带有白色斑块，体形较为圆润，性格温顺亲人，易发胖，常被戏称为"橘猪"。

橘猫

三花猫

三花猫拥有独特的三色被毛，通常由黑色、白色和橘色三种颜色随机分布在身上，形成自然而不规则的斑纹或斑块。

三花猫的毛色是由基因决定的，三花的颜色不局限出现在某一个品种上。控制三花毛色的基因是和控制性别的基因联系在一起的，称为"性联基因"。绝大多数三花猫都是母猫，公猫不能遗传父亲的颜色，母猫一定会从父母身上各遗传一个颜色。忽略白色，公猫一定是单色的；母猫则有单色或双色的。

三花猫

| part7 猫咪种类：常见家养猫咪类别大盘点

奶牛猫

奶牛猫因其被毛颜色酷似奶牛而得名，通常由黑色和白色两种颜色组成，形成清晰的块状或条状斑纹。充满好奇心和探索欲，喜欢玩耍和互动。

奶牛猫

山东狮子猫

山东狮子猫是中国长毛猫的代表之一，以华丽的被毛和威严的气质著称，被毛多为白色或白色带有其他颜色的斑块，长毛蓬松如狮，尤其是颈部和尾部的毛发更为浓密，形成壮观的"围脖"和"尾羽"。山东狮子猫的眼睛多为异色瞳，性格温顺，喜欢亲近人。

猫事百科

美国短毛猫

性格：温顺，亲人，聪明
起源地：美国
体型：中型
毛长：短毛

美国短毛猫是原产美国的一种猫，简称"美短"。被毛厚密，毛色多达30种，其中银色条纹品种尤为名贵。美短性格温和，不会乱发脾气和乱吵乱叫，适合有小孩子的家庭饲养。它对环境适应性高，抵抗力较强。美短体力很好，因此家中需要有足够的空间让其尽情玩耍。

part7 猫咪种类：常见家养猫咪类别大盘点

猫事百科

英国短毛猫

性格：温顺，安静，慵懒
起源地：英国
体型：中型
毛长：短毛

英国短毛猫对人友善，极易饲养，适应能力强，脾气温和，不会乱发脾气，更不会乱叫。体形圆胖，四肢粗短发达，被毛短而密，头大脸圆。

我们常说的"蓝猫""乳白英短""蓝白英短"等等，都是英国短毛猫，是按照不同的被毛颜色命名的。

蓝猫

| part7 猫咪种类：常见家养猫咪类别大盘点

金渐层

蓝白

银渐层

猫事百科

苏格兰折耳猫

性格：温柔友好，贪玩
起源地：英国苏格兰
体型：小型
毛长：长短皆有

苏格兰折耳猫性格平和，对其他的猫和狗友好、温柔，贪玩，生命力顽强，是优秀的猎手。苏格兰折耳猫是一种耳朵有基因突变的猫种，在耳部软骨部分有一个折，使耳朵向前屈折，指向头的前方。这种猫患有先天骨科疾病，时常用坐立的姿势来缓解痛苦。因此，家庭最好不要饲养折耳猫，也最好不要交替繁殖。

part7 猫咪种类：常见家养猫咪类别大盘点

猫事百科

曼基康猫

性格：开朗，亲人，好奇心强
起源地：美国
体型：中型
毛长：短毛

又叫曼切堪猫、短腿猫、矮脚猫、腊肠猫，有着各色长短不同的被毛。身材矮短，并不善于爬或跳等动作，只适于室内生活，但它们异常好动、动作敏捷。曼基康猫生性温柔、热情，喜欢与人为伴，和其他动物也可以很好地相处。喜欢热闹，爱玩耍，非常愿意让人抱在怀里。

| part7 猫咪种类：常见家养猫咪类别大盘点

挪威森林猫

性格：安静，独立，亲人
起源地：挪威
体型：中型
毛长：长毛

挪威森林猫祖先栖息在寒冷的挪威森林中，是斯堪的纳维亚半岛上特有的猫种，被毛颜色及图案多，有黑色、白色、蓝色、红色、双色、银虎斑等。拥有如丝般飘动的毛发，耳朵内的毛可长达7厘米，一直沿耳边伸出，围颈的毛长且浓密。厚实的毛皮和强壮的体格让这类猫咪很耐寒。挪威森林猫十分强壮，跳跃性很好，动作灵敏，奔跑速度极快，行走时颈毛和尾毛飘逸，非常美丽。

part7 猫咪种类：常见家养猫咪类别大盘点

猫事百科

西伯利亚森林猫

性格：友善亲近，适应性强
起源地：俄罗斯
体型：大型
毛长：长毛

西伯利亚森林猫全身上下都被长长的被毛所覆盖，且外层护毛质硬、光滑且呈油性，底层绒毛浓密厚实，用以抵抗严寒。它们安静、个性强且贪玩，感情丰富，对主人非常依恋，声音柔和。

| part7 猫咪种类：常见家养猫咪类别大盘点

猫事百科

俄罗斯蓝猫

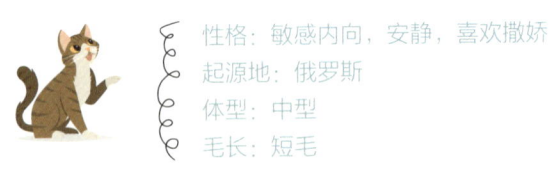

性格：敏感内向，安静，喜欢撒娇
起源地：俄罗斯
体型：中型
毛长：短毛

俄罗斯蓝猫曾被称作阿契安吉蓝猫，纯种的俄罗斯蓝猫毛色呈现中等深度的蓝色，还有灰色、蓝灰色，散发着水貂皮一样的银灰光泽，看起来像一位高贵优雅的女王。性格聪颖，好玩，喜欢宁静的环境。

part7 猫咪种类：常见家养猫咪类别大盘点

| 猫事百科 |

布偶猫

性格：温和沉稳，黏人，喜欢撒娇
起源地：美国
体型：大型
毛长：长毛

布偶猫又称布拉多尔，体表毛发厚实，属于体格比较大的猫种。布偶猫较为温顺好静，对人友善，美丽优雅，有着类似于狗的性格，因而又被称为"仙女猫""小狗猫"。

布偶猫属于晚熟品种，毛色至少要到2岁才会足够丰满，而体格和体重则要至少4岁才能发育完。毛色不多，通常以海豹色和三色或双色为主。刚出生的幼猫全身是白色的，一周后幼猫的脸部、耳朵、尾巴开始有颜色变化，直到2岁时被毛才稳定下来，3~4岁才完全长成。

| part7 猫咪种类：常见家养猫咪类别大盘点

伯曼猫

性格：温文尔雅，友善，亲人
起源地：缅甸
体型：中型
毛长：长毛

伯曼猫又称缅甸圣猫，属于中型猫，瞳孔是得天独厚的蓝宝石色，有且仅有重点色块，肌肉结实，四肢中等长度，脚爪大而圆。伯曼猫脸部较窄，脸、耳朵、头和尾巴间的颜色形成对比。伯曼猫的四肢末端为白色，因此，被称为"四肢踏雪"。

part7 猫咪种类：常见家养猫咪类别大盘点

猫事百科

波斯猫

性格：温柔，亲人
起源地：英国
体型：中型
毛长：长毛

波斯猫是猫品种中非常古老的一种。毛发很长，姿态优雅，有"猫中王子"之称。圆滚滚的身体看起来有些胖，肌肉结实。它有又大又圆的眼睛和塌塌的鼻梁，也叫"扁脸猫"，有柔软的双层毛发，细密丰厚。波斯猫性格温柔，喜欢与人亲近，也喜欢独自静静地玩耍，几乎不怎么叫。

| part7 猫咪种类：常见家养猫咪类别大盘点

| 猫事百科 |

缅因猫

性格：好奇心强，黏人
起源地：美国
体型：大型
毛长：长毛

缅因猫体格强壮，被毛厚密，与西伯利亚森林猫相似，耳位高、耳朵大，眼间距较宽，脑门上有M形虎斑。缅因猫性格勇敢机灵，非常黏人，因其黏人的性格被戏称为猫界"温柔的巨人"。

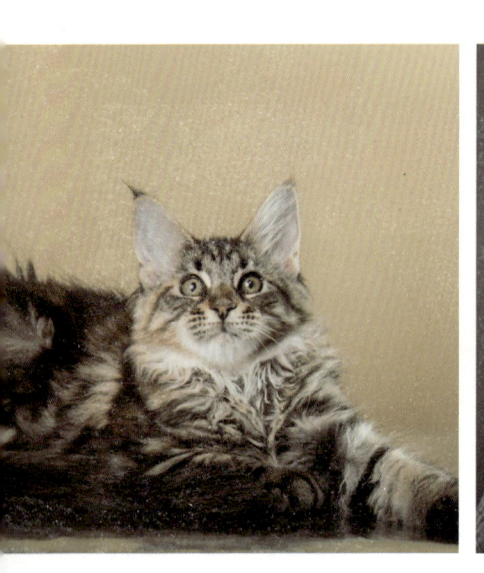

| part7 猫咪种类：常见家养猫咪类别大盘点

暹罗猫

性格：任性，亲人，喜欢"吃醋"
起源地：泰国
体型：中型
毛长：短毛

暹罗猫又称西母猫、泰国猫，性格外向，性情难以预测，个性强且好奇心强，并不安静，非常敏感和情绪化，喜欢有人陪伴，不喜欢孤独，不能忍受冷漠，不宜与其他猫咪共同饲养。暹罗猫常常骚扰主人，四处尾随主人，希望以此得到关注。

暹罗猫的毛发颜色会随着环境温度的变化而变化，一般是越冷越黑。这是因为暹罗猫体内的酪氨酸酶在温度低于33℃时具有活性，能够促进黑色素的合成和沉积，从而导致毛发颜色变深。

| part7 猫咪种类：常见家养猫咪类别大盘点

猫事百科

拉邦猫

性格：亲人，聪明温顺，喜欢撒娇，爱玩
起源地：美国
体型：中型
毛长：长毛

拉邦猫的毛发十分柔软，像毛茸茸的烫发，有长有短，短的弯曲，长的呈螺旋状。拉邦猫聪明温顺，喜欢撒娇，爱玩耍，拥有优雅健美的身材，活跃且外向。

拉邦猫最远近闻名的技能就是"抓老鼠"，它们的捕鼠能力极其出色，几乎是"百发百中"。

| part7 猫咪种类：常见家养猫咪类别大盘点

猫事百科

塞尔凯克卷毛猫

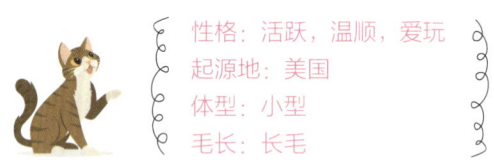

性格：活跃，温顺，爱玩
起源地：美国
体型：小型
毛长：长毛

塞尔凯克卷毛猫的毛发像被烫卷了一样。它的卷毛基因来自一只有波斯猫血统的流浪猫的显性基因突变，发现者以其继父的名字"塞尔凯克"命名。塞尔凯克卷毛猫性格活泼，好动爱玩，适合与小朋友一起玩耍。

| part7 猫咪种类：常见家养猫咪类别大盘点 |

猫事百科

德文卷毛猫

性格：顽皮淘气，亲人
起源地：英国
体型：中小型
毛长：短毛

　　德文卷毛猫又称德文王猫、德文帝王猫、德文雷克斯猫，是帝王猫（又称雷克斯猫）中的一种。它性格顽皮，像淘气的小精灵，高兴时会像狗一样摇尾巴。由于它有小狗的习惯，加上被毛弯曲，因此有"卷毛狗猫"的别名。

| part7 猫咪种类：常见家养猫咪类别大盘点

猫事百科

柯尼斯卷毛猫

性格：亲人，聪明，顽皮，好奇心强
起源地：英国
体型：中小型
毛长：短毛

柯尼斯卷毛猫是帝王猫（又称雷克斯猫）中的一种，具有一身卷曲被毛，纤细修长的躯体，拱背，长直腿，四肢肌腱发达，跳跃力强，以及大耳朵、大眼睛等显著特征。柯尼斯卷毛猫有着狗狗的性格，它们非常喜欢人类，很喜欢参加社交活动。

part7 猫咪种类：常见家养猫咪类别大盘点

猫事百科

美国卷耳猫

性格：聪明伶俐，温顺可爱，喜欢撒娇，好奇心强
起源地：美国
体型：中型
毛长：长毛

美国卷耳猫起源于美国加利福尼亚州，表情甜美，耳朵脆弱，护理时要避免折断它们耳朵的软骨。毛色多达70种，包括白色、黑色、蓝色、淡紫色、啡虎斑、银虎斑、红虎斑等，长毛、短毛品种都有着柔软的丝般被毛，但长毛品种的尾巴是毛蓬蓬的。

| part7 猫咪种类：常见家养猫咪类别大盘点

索马里猫

性格：活跃，聪明，喜欢社交
起源地：英国
体型：中型
毛长：长毛

索马里猫外表有王者风度，毛发有漂亮的光泽，每根毛混合了多种颜色，浅色的底毛与较深色的毛尖形成对比，长长的大尾巴像松鼠尾巴。索马里猫十分聪明，性格温和，运动神经极为发达，动作敏捷，喜欢自由活动，叫声清澈响亮。

| part7 猫咪种类：常见家养猫咪类别大盘点

猫事百科

孟加拉猫

性格：社交能力强，喜欢撒娇，亲人
起源地：美国
体型：中大型
毛长：短毛

孟加拉猫的祖先是由亚洲豹猫和一般家猫杂交的，身上斑点的豹纹图案看起来就如同豹子一般。孟加拉猫看似野性难驯，实则非常温顺，善于与人相处，喜欢被人抚摸，叫声不大，却喜爱跟主人"说话"，并且很喜欢跟小孩子玩耍。

| part7 猫咪种类：常见家养猫咪类别大盘点

| 猫事百科

金吉拉

性格：聪明敏捷，少动好静，爱撒娇
起源地：英国
体型：小型
毛长：长毛

　　金吉拉是由波斯猫经过人为刻意培育而成，四肢较短，尾短而粗，虽然娇小但显得灵巧。金吉拉全身都是浓密而有光泽的毛，毛量丰富。优雅的气质、松软的被毛以及深邃如湖水般绿色的眼睛是金吉拉的典型特征，给人一种华丽高贵的感觉。碧绿如翠的眼睛外围有着黑色的眼线，玫瑰色鼻尖被黑色的鼻线包围着，上翘的小嘴也有着同样黑色的唇线。

part7 猫咪种类：常见家养猫咪类别大盘点

猫事百科

土耳其梵猫

性格：聪明机敏，活泼，喜欢攀爬
起源地：土耳其
体型：中型
毛长：长毛

土耳其梵猫是由土耳其安哥拉猫突变而成的，被毛白而发亮，毛质如同丝绸般光滑。全身除头、耳部和尾部有乳黄色或浅褐色的斑纹外，没有一根杂毛，外表极为美丽和可爱。

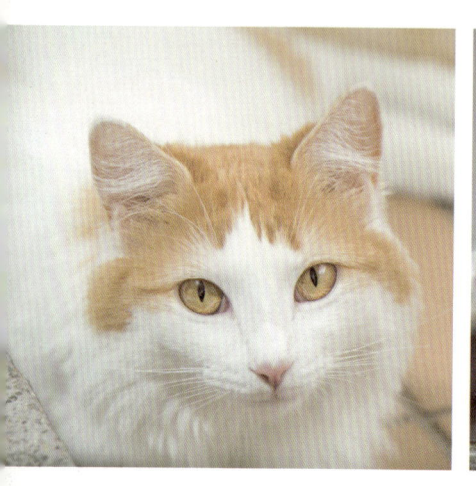

| part7 猫咪种类：常见家养猫咪类别大盘点

猫事百科

土耳其安哥拉猫

性格：特立独行，喜欢安静
起源地：土耳其
体型：中型
毛长：长毛

安哥拉猫是最古老的品种之一。

安哥拉猫有非常长的身躯，四肢纤细修长，耳朵又大又尖。它的全身长满了长长的毛发，像丝一样，颜色有褐色、红色、黑色、白色。一般情况下，人们认为安哥拉猫最纯正的颜色是白色。土耳其安哥拉猫动作敏捷，性格特立独行，不喜欢人抚摸，喜欢安静，聪明伶俐。

| part7 猫咪种类：常见家养猫咪类别大盘点

阿比西尼亚猫

性格：活跃好动，性格外向，独立性强
起源地：埃塞俄比亚
体型：中型
毛长：短毛

阿比西尼亚猫是一个有着悠久历史的家猫品种。它的毛发短而浓密，质地柔软，触感舒适，毛发颜色多样，包括红色、棕色、蓝色等，且通常带有斑纹或条纹。体态优雅、出众，眼睛闪烁着金色光泽，有王者风范。阿比西尼亚猫活跃好动、性格外向、独立性强，是美国最受欢迎的短毛猫种。

| part7 猫咪种类：常见家养猫咪类别大盘点

斯芬克斯猫

性格：温顺，亲人，独立性强
起源地：加拿大
体型：中型
毛长：无毛

斯芬克斯猫也叫无毛猫，是一种自然的基因突变产生的宠物猫，除了在耳、口、鼻、尾前端、脚等部位有些又薄又软的胎毛外，全身其他部分均无毛，皮肤多皱有弹性。斯芬克斯猫性情温顺，独立性强，无攻击性。

养斯芬克斯猫虽然能避免猫毛纷飞的困扰，但是有一个大问题，就是会"出油"，要经常清洁、擦拭，否则猫咪趴过的地方会积聚油腻的污垢。

part7 猫咪种类：常见家养猫咪类别大盘点

猫事百科